Wenn du gekommen bist
um mir zu helfen
dann verschwendest du deine Zeit –
doch
wenn du gekommen bist
weil deine Befreiung
verbunden ist
mit meiner
dann lass uns zusammenarbeiten.

aus *Australien (Aboriginal)*, Quelle 1

Impressum

Bücher haben feste Preise.

1. Auflage 2017

Angelika C. Braun
Die Botschaft der Biene

Fotos:
Angelika C. Braun

© Angelika C. Braun / Neue Erde GmbH 2017
Alle Rechte vorbehalten.

Titelseite:
Foto: Angelika C. Braun
Gestaltung: Angelika C. Braun, Dragon Design

Satz und Gestaltung:
Angelika C. Braun
Gesetzt aus der Optima

Gesamtherstellung: Appel & Klinger, Schneckenlohe
Printed in Germany

ISBN 978-3-89060-717-7

Neue Erde GmbH
Cecilienstr. 29 · 66111 Saarbrücken
Deutschland · Planet Erde
www.neue-erde.de

die
botschaft
der
biene

Die Königin mit ihrem langen schlanken Hinterleib – sie kann im Sommer täglich 2000 Eier legen. Es entspricht dem Vielfachen ihres Körpergewichtes.

Königin

die
botschaft
der
biene

Angelika C. Braun

Königin

Wo was

Es gibt etwas zwischen Himmel und Erde	14
Bienen-Zufälle oder die Lehre der Biene	20
Der Göttin zu Ehren	37
Alchimistische Vorgänge	51
In Resonanz mit dem Standort	67
In der Dunkelheit wird Licht geboren	79
Mit Herz und Verstand jenseits der Kontrolle	97
Alles, was ist, ist Energie und im Fluss	115
Dein Wille geschehe	141
Dankbar mit dem inneren Auge die Einheit sehen lernen	149
In Verantwortung Antwort zum Handeln finden	181
just bee oder...?	217
Im Sterben Leben verstehen	249
Vorbemerkung zur ... *und* Honigbienen-Weissagung	270
Worte zum Ausklang und noch mehr Zufälle	284
mein Dank an die Sponsoren	290
... und Unterstützer	312
Kontakte	292
Wer mehr wissen will	294
Quellenübersicht	296
Etwas Priesterliches	303

Arbeiterin

himmel und erde,
es gibt etwas zwischen

das wir Menschen nur schwer verstehen. Es lässt sich nicht sehen noch greifen. Dennoch, wir wissen darum – irgendwie, irgendwo, instinktiv. Und dann – irgendwann – beginnen wir zu suchen.

In diesem Buch geht es um Bienen, genau genommen um die *Apis mellifera*. Weltweit gibt es schätzungsweise 2o.ooo Arten, in Deutschland 5oo. Vertraut ist uns diese eine aber in ganz besonderem Maße: Die *Apis mellifera* ist eine Honigbiene. Sie zählt zu den höchstentwickelten ihrer Art. In New Jersey fand man eine in Bernstein verewigte. Sie soll

> *Vielleicht bist du
> außerordentlich gebildet,
> sehr berühmt
> oder hast reichlich Besitz –
> die Biene aber kann dich lehren,
> wie du frei von Leiden sein kannst.*
>
> Sri Sathya Sai Baba
> *1929, Indien, spiritueller Lehrer
> Quelle 2

viele Millionen Jahre alt sein und aus der Kreidezeit stammen. Damit wären die Bienen um ein Vielfaches älter als wir Menschen. In nahezu allen Religionen und Kulturen ist die Biene bis heute sehr respektiert: Es heißt, sie sei eine *Botschafterin Gottes*. Schenken wir dieser Aussage Wahrheit, dann würde es heißen, die Honigbiene könnte etwas lehren, das uns Menschen dienlich ist. Kann ihr Hiersein vielleicht Orientierung für unser Dasein geben?

Jetzt aber stirbt sie. Bedrohlich: Eine Milbe greift ihre Brut an. Alarmierend: Sie verhungert mitten im Sommer. Unsere Landschaft ernährt sie nicht mehr. Lautlos: Die Botschafterin bleibt einfach weg – massenhaft und rund um den Globus.

Was hat das zu bedeuten? Welche Botschaften trägt sie mit ihrem Leben und Sterben an uns heran? Und was zeichnet die Honigbiene so sehr aus, dass Könige, Gelehrte, Philosophen, Wissenschaftler und Dichter gleich welchen Geschlechts oder welcher Gesinnung sie mit größter Achtung bedenken und in süßester Lyrik preisen? – Ich hatte mich auf eine Spurensuche begeben. Keine kulturhistorische, wissenschaftsorientierte Wanderung sollte es werden, bei der Zahlen, Fakten oder systematische Dokumentation dominieren und die bis ins letzte Detail recherchiert, geprüft und kategorisiert ist und in Form eines übersichtlichen Ratgeberbandes präsentiert wird, sondern ein kurzweiliges Bilder- und Lesebuch mit Momentaufnahmen sowie visuellen und textlichen Anregungen, die sich aus Begegnung, Miteinander und Beziehung zueinander entwickelt haben. Dabei traf ich Menschen, die mit den Bienen sprechen, bei ihnen meditieren, Mantren (heilige Gesänge) rezitieren oder auch beten, die sehr spezielle Tuchfühlungen mit dem Insekt erlebt hatten und mir von diesen erzählten.

Botschafter können *Brücken bauen* zwischen Himmel und Erde, zwischen der sichtbaren und nicht-sichtbaren Welt. Der eine Stützpfeiler scheint vertraut. Den anderen zu erfassen, geschweige denn auszudrücken, ist weitaus schwerer. Viele von uns können ihn nur erahnen, manche haben Bruchstücke erfahren, und nur wenige wahrhaft im Ganzen erlebt. Andere daran teilhaben zu lassen, ist nicht einfach. Nicht nur, weil häufig Worte für das *Nichtausdrückbare* fehlen, sondern auch, weil das *Sich-Öffnen* Mut erfordert. Es ist ein sensibler Ort. Außerdem gleichen eigene innere Erfahrungen nicht immer denen anderer. Deshalb sind sie nicht weniger oder mehr gültig. Sie sind einfach das, was sie sind. Vor allem aber wahrhaftig für den, der sie erlebt, an dem Punkt, wo er oder sie steht. Und vielleicht Inspiration für diejenigen, die darüber hören.

Die Botschafter der Biene lassen eintauchen in buddhistische, christliche, schamanische, esoterische oder auch anthroposophische Welten. Eine jede steht für sich, alle beieinander. Zusammen laden sie in ihrer Vielfalt zur Auseinandersetzung ein. Nicht jede Begegnung spricht wahrscheinlich gleichermaßen an, überzeugt. Vielleicht animiert sie aber zur Diskussion. Die Richtigkeit – angenommen so etwas gibt es überhaupt – einzelner Aussagen kann eine jede oder ein jeder für sich selbst überprüfen, wenn man denn mag. Für mich hat es nur relative Bedeutung. Ich vertraue meiner eigenen stets wandelbaren Erfahrung, spreche die der anderen nicht ab. Wie die Blumen durch die Bienen lasse ich mich gerne inhaltlich befruchten. Erwarte keine Vollständigkeit und erlaube mir, Raum für Nichtwissen zuzulassen, – folge hierin der Empfehlung der buddhistischen Nonne Pema Chödrön. Außerdem präsentiert sich mir auch das Leben so. Ich nehme hier und da etwas auf. Verstehe es mal besser, mal weniger, erfasse intuitiv etwas, das vielleicht mehr einer Ahnung gleicht. Und dann, meist in einem unerwarteten Moment, scheinen sich die Teile wie auf magische Weise zur Einheit zu formieren, aus der Einsicht erwächst. Mir tut dieser Weg hin zu Verständnis gut. Und vielleicht habe ich ihn deshalb zur gestalterischen Grundlage des Buches gemacht. Bin eingetaucht in das Empfinden der Menschen, habe zugehört, formuliert, Recherchiertes und selbst Erfahrenes ergänzt. Ich konnte erleben, wie sich aus dem Dschungel nach und nach etwas Darüberstehendes herauskristallisierte. Etwas, das allen gemein zu sein scheint, und die *Botschaft(en) der Biene* deutlich werden ließ.

Schön wäre es, könnte es berühren. Berührung entsteht durch Einlassen, Zulassen, Sich-Öffnen, in Beziehung treten. Eigentlich gilt das im Umgang mit allem und jedem. Diese Berührung hat nicht nur meine Sicht auf die Bienen, sondern auch die Erinnerung an das *Warum meines Hierseins* auf sehr eindrückliche Weise wiederbelebt. Vielleicht regt sie sogar an, sich selbst auf den Weg zu machen, weitere Gespräche zu suchen, in zusätzlicher Literatur zu stöbern oder zum Beispiel benachbarte Imker aufzusuchen. – Aufmerksamkeiten, die nicht nur den Honigbienen zugutekommen würden.

Vor allem – oder vielleicht auch deshalb – ist *Die Botschaft der Biene* ein sehr persönliches Buch. Schließlich wurde mir im Verlauf des Werdens meine ganz eigene Beziehung mit diesen besonderen Wesen ins Bewusstsein gerückt. Sie hatte eigentlich schon vor vielen Jahren begonnen, sollte sich mir allerdings erst nach Fertigstellung in Klarheit offenbaren. – Ich bin weder Imkerin noch habe ich je ein Buch geschrieben. »Wie

*In Wirklichkeit also
hängen alle Wesen und Erscheinungen,
jedes Atom, jedes Energiequantum,
voneinander ab und entstehen
in gegenseitiger Abhängigkeit.
Nicht die Substanz
ist der Ursprung der Welt,
sondern die Beziehung.*

D.T. Suzuki
†1966 Tokio, Prof. f. buddhistische Philosophie
aus: *Der Buddha der Liebe*, Quelle 3

kommen Sie also dazu, sich ausgerechnet den Bienen zu widmen?« fragen Sie sich jetzt vielleicht. »Ist das nicht ein wenig dreist?« mögen Sie sogar im Stillen denken. – Um ehrlich zu sein, ich würde an Ihrer Stelle auf ähnliche Gedanken kommen – und besonders, wenn Sie zu jenen zählen, die sich der Bienenbetreuung gewidmet haben, kann aber nur erwidern, dass ich anfänglich selbst nicht so genau wusste, wieso, weshalb, warum. Wohl aber wusste ich sehr genau: Wann immer ich mich vor diesem arbeitsintensiven Vorhaben drücken wollte, passierte irgendetwas, das mich wieder auf den Weg zurückführte. – Ich habe die Erfahrung gemacht, dass es manchmal besser ist, nicht zu fragen, sondern anzunehmen, was das Universum für mich bereithält oder zumindest, von dem ich glaube, dass es das tut. Gebe ich mich vertrauensvoll dem hin, was ich als meinen Lebensfluss zu erkennen meine, kehrt Friede in mich ein. So war das auch hier: Erst als ich das Buch als einen Meilenstein auf meinem Lebensweg annahm, fand ich innere Ruhe. Und so ist es wohl auch keineswegs erstaunlich, wie sich durch diese Entscheidung die Puzzlesteine (wenn auch nicht immer mit Leichtigkeit) nach und nach zu fügen begannen und sogar Antworten über das *Warum* manifestierten.

Angelika C. Braun

Pollen/last kann Körpergewicht einer Biene haben.

bienen-Zufälle oder die lehre der biene

Angelika C. Braun

In einem magischen Garten blüht eine weiße Blume. Die liebliche weiße Blume wächst im Herzen der menschlichen Seele. (S.44, s.u.)

Mit diesen Worten beginnen David Carson und Nina Sammons von der Biene zu erzählen. Die beiden Amerikaner schrieben das *Orakel 2013 – Karten zum neuen Zeitalter*. Nina ist Autorin und Dokumentarfilmerin. David ist *Choktaw* (nordamerikanischer Indianerstamm) und wurde von einigen authentischen Schamanen als ein ebensolcher erkannt, wie er mir mal geschrieben hatte, bezeichnet sich selber aber lieber als Autor. David hält weltweit Vorträge und arbeitet mit Schamanen von Sibirien bis Hawaii. Der Biene ist eine der Karten gewidmet, genau genommen die 6. Zählkarte mit dem Thema *Lehre* (David Carson & Nina Sammons, *2013 Orakel, Karten zum neuen Zeitalter*, S.44f, Quelle 4)

Vor langer Zeit wurde ein Mensch, bevor er Lehrling eines spirituellen Systems wurde, aufgefordert, erst den Rat der Bienen einzuholen, schreiben die beiden Autoren. *Die Biene ist die Schamanin der Blume. ... Bienen kennen sehr gut den Schönheitsweg, die Schönheitspfade. ... Spirituelle Lehren werden mit schönen Blumen auf einer saftigen Wiese verglichen. Die Biene folgt ihrer Intuition, während sie von Blüte zu Blüte fliegt. In gleicher Weise muss der Lehrling seiner Intuition folgen, um die Lehren zu verstehen. Der Suchende ist von Blumen mit guten und bösen Blüten umgeben. Es braucht Sehvermögen, Charakter, Arbeit, um zu spirituellem Wissen zu gelangen. Vor allem aber muss man nach der höheren Oktave des heiligen Tons horchen, so wie eine Blume der über ihr schwebenden summenden Biene lauscht. Dieser summende*

Ton und seine Vibration ist Vorbote eines vollständigen Bewusstseinswandels. Er ist der nächste Schritt unseres sich entfaltenden Wesens. – In den geheimen Initiationszeremonien nahm die Biene als Symbol eine zentrale Rolle ein. In diesen Riten waren Einheit und Gruppendenken von großer Bedeutung. Die Bienen lehren uns, dass es noch andere Kommunikationsformen außer der unseren gibt. Die Bienen kennen die Regeln der geometrischen Schöpfungsordnung. Sie lehren uns, dass der Suchende den bewussten Wunsch in sich trägt, einen beispielhaften Weg hin zu spiritueller Weisheit zu beschreiten.

Fällt die Karte der Biene in unsere Hand, dann ist es laut diesem alten Orakelsystem folgende Nachricht an uns: Die Biene fordert dich auf, die süße Blumenessenz der mystischen Rose zu finden. Lehre bedeutet Suchen. Lehre bedeutet spirituelle Schule. Es bedeutet, den Weg zu erlernen. Erst musst du den spirituellen Lehrer in dir selbst finden. ... Die Lehre der Biene ist das offene Herz. Sie ist das Geheimnis in der Blume der Blumen. ... Mache dich jetzt auf zur weißen Blume, und gewinne ihren reichen Nektar. Das ist der Weg der Biene. (David Carson & Nina Sammons, 2013 Orakel, Karten zum neuen Zeitalter, S.46, Quelle 4)

Die Karte der Biene fiel in meine Hand vor sieben Jahren – nicht konkret, denn zu diesem Zeitpunkt kannte ich weder das *Orakelsystem* noch David Carson, aber inhaltlich. Ich wusste nichts von Bienen oder gar der *Lehre der Bienen*. Ich tat einfach nur das, was ich zu diesem Zeitpunkt meinte, dass es das Richtige für mich war, folgte einer Intuition und wagte es, mich auf eine Reise ins Ungewisse aufzumachen. Es war eine Reise nach innen, die geprägt war von erheblichen äußeren Veränderungen, aber auch eine zu den Bienen, wie sich später herausstellen sollte.

Mit zwei Koffern und einer gehörigen Portion Neugierde, aber auch Unsicherheit, verließ ich Deutschland, brach auf ins *Land der unbegrenzten Möglichkeiten*, um *Was-auch-immer* zu finden. – Gesucht habe ich schon immer. Nur wusste ich nicht, was. Ich hatte geglaubt, wenn ich nur irgendeine Begabung hätte, dann wäre mein Leben in Ordnung und meine Suche beendet, meinte, dass es *das* wäre, wonach es mich sehnte. Ich hatte studiert, in der Film- und Fernsehbranche assistiert und konzipiert und Jahre später ältere Menschen betreut. Nichts konnte mich wahrhaft zufriedenstellen. Ich empfand Stagnation in und mit meinem Leben, fühlte einen tiefsitzenden Block, meinte, mit mir nicht am richtigen Platze zu sein, und noch schlimmer, wusste überhaupt nichts mit meinem Leben wirklich anzufangen oder gar einen Sinn darin zu sehen. Und vielleicht war das der Grund, warum ich immer nur arbeitete, und wenn mal nicht, in die *Glotze* guckte oder ins Kino ging, gab es doch Geschichten vom Leben zu schauen. (Der sprichwörtliche *Bienenfleiß* war mir schon früh vertraut gewesen, wenngleich ich in jungen Jahren nicht in der Lage war, mir diese Gabe sinnvoll nutzbar zu machen.) – Als dieses eigene Unwohlsein überzukochen drohte, hatte ich mich eines Tages gefragt, ob es möglich sein würde, durch eine äußere Veränderung innere Kapazitäten frei werden zu lassen. – Was aber sollte ich äußerlich verändern? Wieder einen neuen Job? Umzug in eine andere Stadt? Oder …? Nichts inspirierte mich wirklich zu Konsequenzen. Ich musste tiefer bohren, und so überlegte ich, was ich wohl machen würde, wenn ich nur noch vier Monate zu leben hätte. Ich war kerngesund, es war ein reines Gedankenspiel. Ich wollte mich aus gewohnten Vorstellungen lösen. – In diesem Prozess erkannte ich, dass ich voller Ängste war, und die größte war die vor dem Leben. Obendrein glaubte ich, durch finanzielle Absicherung einen Schlüssel zur Bewältigung dieser Furcht in der Hand zu halten. Als mir dieser Trugschluss intellektuell bewusst wurde, entschloss ich mich, in einem Moment spontanen Mutes und großer Naivität Beruf, finanzielle und soziale Sicherheit aufzugeben und ein Leben ohne Netz und Boden zu wagen, in einem Land, in dem ich niemanden kennen wollte. Ich zog in die *USA*. Gebucht hatte ich nur den Flug, die erste Nacht im Hotel und für eine Woche einen Mietwagen. Allem Weiteren wollte ich in den kommenden Monaten folgen, so wie es auf mich zukommen würde, mich also ganz meiner *Intuition hingeben, offen sein für das Leben*, wie es so schön heißt.

Es kam aber nichts – leider – außer dem Ablauf meines Touristenvisums – und einer Idee: Warum nicht ein Café im Süden der USA aufmachen?! War das nicht ein lang gehegter Wunsch in mir gewesen? Und so gründete ich eine Firma, erstellte mit professioneller Hilfe einen Businessplan und beantragte, zurück in Deutschland, für mein Unternehmen das nötige Visum. Es schien alles zu passen, denn schon wenige Wochen später reiste ich mit einer fünfjährigen Genehmigung zurück in das *Land meiner Träume*. – Große Pläne enden nicht selten in alten Fußstapfen, zunächst jedenfalls – man nimmt sich halt immer mit auf Reisen. Durch meine voreilig entschiedene Maßnahme hatte ich geglaubt, meinem Ziel schneller beikommen zu können. Geduldig bin ich nicht. – Aus dem Café wurde nichts. Und ich hatte den Eindruck, nicht einen Schritt weiter gekommen zu sein. Nicht ganz, vielleicht. Denn mittlerweile hatte ich angefangen, intensiv zu meditieren. Bei Joko Beck im *Zen Center von San Diego*. Täglich setzte ich mich mehrere Stunden vor eine weiße Wand in dem Bemühen, ganz im Hier und Jetzt zur Stille zu kommen. Gar nicht so einfach für einen mental geprägten Menschen wie mich. Einige meiner Freunde hatten mich gefragt, wie ich diese Disziplin aufbringen würde. Es war für mich keine. Das Meditieren erschien mir zu diesem Zeitpunkt als das einzig Sinnvolle. Und vielleicht erwuchs daraus letztlich doch eine Wirkung. Wenige Jahre vor Ablauf meines Visums packte ich erneut meine Koffer, folgte wieder mal einem inneren Gefühl und zog in die Wüste nach *Arizona*. Im Gepäck eine Kamera, von der ich meinte, sie unbedingt kaufen zu müssen – eine mit Makroeinstellung. Ich wollte noch einmal versuchen, das zu verwirklichen, was mich bewogen hatte, nach *Amerika* zu gehen. Anstatt mich wieder in erster Linie um finanzielle Einnahmen zu kümmern, wie ich es in den vergangenen Jahren getan hatte, und mich erneut unter diesen Druck zu stellen, entschloss ich mich, das Letzte auszugeben. *Carefree*, was im Deutschen soviel heißt wie *sorgenfrei*, wurde der Ort meiner Wahl.

An dieser Stelle begann meine sehr konkrete Begegnung mit den Bienen. Ich erinnere mich noch sehr deutlich, wie ich eines Tages in meinem kleinen *magischen Garten* saß und mich fragte, was ich denn nun eigentlich fotografieren könnte. *Alles Wichtige für unseren Lebensweg liegt direkt vor unserer Nase* – ein Satz meiner Zenlehrerin wurde in mein Gedächtnis gerückt und meine Aufmerksamkeit auf eine wunderschöne große, weiße Kaktusblüte gelenkt. Ich erlebte – äußerlich – wahrhaftig das Bild, welches David und Nina in ihrer *Bienenkarte* beschrieben haben. Und das war im gewissen Sinne der Beginn dieses Buch.

Die Blüte entfaltet ihre Pracht nur für wenige Stunden und das am sehr frühen Morgen. Es hatte sich wohl in einem benachbarten Stock herumgesprochen, denn sie war belagert von unzähligen Bienen. Ich beobachtete sie eine Weile, stand schließlich auf, holte meine Kamera und begann zu fotografieren. Ihr geschäftiges Treiben nach Nektar und Pollen hatte mich angezogen und sollte mich für einige Zeit nicht mehr loslassen. Durch die Kamera nahm ich das erste Mal diese kleinen Wesen wahr. Es erstaunte mich, welche Mengen Pollenlast ihre zarten Beine zu tragen imstande waren und wie ausbalanciert sie diese verteilen konnten! Unermüdlich gingen sie ihrer Aufgabe nach. Ich fand das bemerkenswert. Für den Bruchteil eines Momentes hatte sich mir das Tor in eine neue Welt erschlossen, um im nächsten gleich wieder zuzugehen.

Kaktusblüte

Denn kaum hatte ich einige Fotos meines Gefallens zusammen, verlor ich auch wieder das Interesse an den Bienen. Eigentlich waren sie für mich lediglich Tiere, deren Stachel ich fürchtete und deren Honig ich aß. Und dies auch nur deshalb, weil ich von Zeit zu Zeit von starken Allergien befallen wurde, die mich selbst bei alltäglichsten Verrichtungen funktionsunfähig machten. Da ich auf chemische Medikamente äußerst empfindlich reagiere, wurde mir empfohlen, morgens einen Löffel örtlichen Honig zu essen. Ganz nebenbei bemerkt, es half! – Ich kann noch nicht einmal behaupten, dass ich eine bewusste Brücke vom Honig zu den Bienen vollzog, und muss mich wohl als reine Nutznießerin ihrer Gaben bezeichnen. Traurig aber wahr. Das war alles. Das war meine Beziehung zu den Bienen. Ich bin als Stadtkind aufgewachsen. Die Welt der Natur war mir lange fremd und blieb unbeachtet, ich hatte ihr weder Achtsamkeit noch Respekt erwiesen. Meine Persönlichkeit hatte sie einfach nicht wahrgenommen, übersehen oder, noch schlimmer, in Arroganz ignoriert.

Erst heute, mit Abstand von der Enge des Augenblicks, kann ich die Zeichen besser lesen, scheinen sie sich ineinanderzufügen. Und so erscheint mir im Rückblick meine zweite Begegnung mit den Bienen nur als ein weiterer Baustein auf meinem Weg, architektonisch gestaltet von einer höheren Instanz, mit einer für mich unbegreiflichen Intelligenz, die führt und sanft zu Bewusstsein geleitet. – Mittlerweile lebte ich auf einer Ranch, noch immer im Wüstenstaat *Amerikas*, der Natur ein wenig näher gerutscht. Gerade hatte ich meine morgendlichen Versorgungen der Tiere beendet und war auf dem Weg ins Haus, als ich im zentralen Baum des Anwesens eine Veränderung wahrnahm. Vorsichtig trat ich an dieses *Sinnbild des Lebens* heran, und was sah ich? ... Einen Bienenschwarm! Tausende Einzelwesen hatten sich ineinander verwoben und als Einheit an einen Ast gehängt. Einen Moment schrak ich zurück. Vielleicht sind es Killerbienen, schoss es mir durch den Kopf, säte im Nu Angst in mich hinein. Vor allem, aber nicht nur, im Südwesten von *Turtle Island* hatten sie schon vielen Menschen das Leben gekostet. – Kaum eine Stunde später waren sie verschwunden. Es war ein Spähertrupp auf der Suche nach einer neuen Heimstatt gewesen, sollte sich im Nachhinein herausstellen. Ob es wirklich Killerbienen waren, weiß ich bis heute nicht. – Auch diese Begegnung mit den Bienen empfand ich als reinen Zufall. Das ist um so sonderbarer, da ich doch daran glaubte, dass es Zufälle gar nicht gibt. *Der Zufall ist das Pseudonym, das der liebe Gott wählt, wenn er inkognito bleiben will,* sagte schon der französische Schriftsteller Théophile Gautier (†1872 Neuilly-sur-Seine bei Paris, Quelle 5). Oder mit den Worten seines Landsmanns und Kollegen Georges Bernanos gesprochen (Schriftsteller, †1948, Neuilly-sur-Seine, Quelle 6): *Was wir Zufall nennen, ist vielleicht die Logik Gottes.*

Dennoch hatte dieser erste Moment mit den Bienen und der Kaktusblüte in meinem Garten einiges in meinem Leben in Gang gesetzt. Das Fotografieren hatte mich gepackt. Ich begann von da an so ziemlich alles, dessen meine Aufmerksamkeit gewahr wurde, mit meiner kleinen Digitalkamera festzuhalten, dachte dabei weder über Sinn noch Nutzen nach, folgte einfach einem Lustprinzip, wiewohl ich diese vergnügliche Begeisterung in einen disziplinierten Rhythmus mit täglicher Meditation, Fortbildung und körperlicher Bewegung einbettete. – Die Fotos hatten nicht nur bei Freunden Gefallen gefunden, sondern überraschenderweise auch bei Profis. Ich erstellte meine erste Webseite und wagte zaghaft bei Galerien vorzusprechen. Anerkennung erhielt ich wohl, finanzielle Konsequenzen hatte es keine. Eine nervenaufreibende Angelegenheit, wenn es über eine lange Zeit geht. Zweifel können zermarternd sein.

Wann immer ich nicht weiter weiß, bitte ich im Gebet um Antworten, damit ich erkennen möge, ob und wie ich weitermachen soll. Ende 2oo5 waren wieder mal meine Geduld und mein Geldbeutel erschöpft. Also bat ich um Zeichen. Es sollten keine drei Wochen vergehen, da wurde ich von einem lokalen Magazin zum *Emerging Artist 2oo6* gewählt und zwei sehr lukrative Aufträge großer Firmen trudelten ins Portemonnaie. Ich war selig, nicht nur, weil ich mit diesen und den nachfolgenden

Verkäufen meine Kreditkarte abbezahlen konnte, sondern auch, weil ich hoffte, meine verbesserte finanzielle Situation würde zu einer Verlängerung des Visums führen. Weit gefehlt. Inmitten von beginnendem Erfolg erhielt ich einen Tag vor Ablauf der Aufenthaltsgenehmigung im Herbst 2oo6 die Mitteilung, dass eine Verlängerung nicht gewährt worden war. Ich musste die USA verlassen. – Wieder stand ich vor einem *Nichts*, diesmal aber ungewollt. Wieder ging es darum, mein Leben neu einzurichten, und wiederum waren es die Bienen(-Bilder), die richtungsweisend wirken sollten. Der *Deutsche Landwirtschaftsverlag* hatte Gefallen an ihnen gefunden. Die Redakteure wollten ein Künstlerporträt über mich veröffentlichen, und ich wurde gebeten, Informationen zusammenzustellen, Informationen über mich und mein Interesse an den Bienen. Das war im Frühjahr 2oo7. Jetzt war ich gefordert: Jede Veröffentlichung bedeutet ein Stück Werbung. Und hier war eine Chance. Ich war dankbar und wollte sie keineswegs ungenutzt sein lassen. Jetzt begann auch meine inhaltliche Auseinandersetzung mit den Bienen. Ich recherchierte und entdeckte, dass die Insekten durch alle Zeiten sehr geschätzt wurden, und ich hatte mich gefragt, was wohl dahinter steckt. – »Gerne würde ich einen Imker fotografisch begleiten«, ergänzte ich als Bitte am Ende meines Artikels für den *Landwirtschaftsverlag,* »wobei mich besonders der spirituelle Aspekt der Biene interessiert«, schloss ich an. – Ich wusste wieder mal gar nicht recht, was ich da geschrieben hatte, vor allem mit dem Nebensatz, war damit aber schon mittendrin im konkreten Wirken an dem, was kommen sollte. Die Rückmeldungen trafen in ihrer Erstaunlichkeit genau jenen Nerv meiner Neugierde, den es brauchte, um weiterzugehen und mich in die Welt der Honigbienen eintauchen zu lassen.

Meine Reise bzw. dieser Abschnitt meines Lebens endet hier. Ich hatte sie angetreten, ohne zu wissen, wohin sie führen würde. Bin durch Schwierigkeiten gegangen, die große Geduldsproben von mir abverlangten, war zeitweise ins Bodenlose gefallen, ohne Aussicht auf eine (ver- und) gesicherte Zukunft. Dennoch durfte ich erfahren, wie ich bei alledem immer beschützt war, getragen von unendlicher Liebe und ganz konkreter Hilfe genau zu den Zeitpunkten, als ich es am nötigsten brauchte. Dieser Weg war nicht immer leicht. Mit inneren Gefühlen und den daraus resultierenden Entscheidungen ist man relativ allein, die Konsequenzen müssen ausgehalten und getragen werden. Ich habe dabei viele Fehler gemacht, mich oft geirrt. Bin Umwege gelaufen. Oder habe mich in Verstrickungen verzettelt. Habe viel Lehrgeld bezahlt. Finanziell wie emotional. – Und dennoch: Ich möchte nicht einen Moment missen. Ich war angetreten, weil ich Verborgenes in mir erkennen wollte, glaubte, im Erkennen und Leben meiner Begabungen Seelenheil zu finden; und durfte erfahren, dass dies nur eine Seite der Medaille ist, eine nicht unbedeutende, eine die gelebt sein will, aber auch eine, die einem ständigen Wandel unterliegen kann. Ihr Entdecken gab keine Garantie für

die Notwendigkeit des Fortdauerns. Wenn es für meine Entwicklung anstehen würde, vom *Gefundenen* wieder abzulassen, so wäre das die nächste Herausforderung, der zu stellen ich bereit sein sollte und hoffentlich sein würde. Das wurde mir sehr deutlich. Wenngleich ich gestehe, dass ich noch immer darauf reinfalle, mir in der Beständigkeit von *Was-auch-immer* Schutz und Sicherheit zu erhoffen, nur bemerke ich es heute vielleicht etwas schneller. Das und etwas anderes hatte sich verändert. Statt zu suchen und weiterhin mein Leben durch funktionales Tun bewältigen zu wollen, hatte ich begonnen, aus meinem Kokon herauszukommen und mit mir und meiner Umwelt in Beziehung zu treten. Diese ersten Gehversuche haben dahin geführt, dass ich heute zufriedener bin, mich viel besser mit dem abfinden kann, *was ist* und *was nicht,* und dass ich erfahren habe, was Vertrauen heißt. Ein unermessliches Geschenk. Auch habe ich das Gefühl, wenigstens einmal für eine gewisse Zeit und so gut wie mir möglich, mich wirklich meinem Leben auf vielen Ebenen gestellt zu haben – besonders mir selbst. Das war und bleibt die schwierigste Aufgabe. Auch erlebte ich viele dankbare Momente, in denen ich erstmalig begriff, wie kostbar das Geschenk Leben ist. Und mir wurde klar: Am Ende zählt nicht, wer ich war, sondern nur, wohin ich mein Innerstes entwickelt haben würde, ob ich *meinen* Teil dazu beigetragen haben würde, auf dem Weg der Befreiung von wenigstens einigen Blockaden, die mich trennen vom *Land, wo Milch und Honig fließt.*

Es war eine Reise der Fügungen und eine Reise mit und zu den Bienen, ohne die ich die Reise des Werdens im Fotografieren, Schreiben und schließlich grafischem Gestalten vielleicht nicht angetreten hätte. »Das wird deine Abschlussarbeit der vergangenen Jahre sein« hatte mir einer meiner Gesprächspartner gleich zu Beginn unseres Treffens intuitiv gesagt. Wie Recht er doch behalten sollte. Ich hatte im Äußeren gesucht und im Innern gefunden. Nicht die *mystische Rose*, vielleicht aber eine Ahnung ihres Duftes.

Bienen*leben* in einer Kaktusblüte.

Betende Biene

»Wenn ich mich auf die Bienen einstimme, dann ist mein Herz offen.« Barbara Sassen, S. 40

der göttin zu ehren!

Barbara Sassen

»Ich habe keine Lust auf Bienen«, sagt sich Barbara Sassen am Ende des Seminars zur Bienenhaltung, »die sind mir viel zu kompliziert.«

Bzzzzzzzzzzzzzz – es ist 7 Uhr. Die laue Frühsommerluft der morgendlichen Stunde wird durch einen schmalen Spalt des geöffneten Fensters in das kleine Schlafzimmer hineingeweht und mit ihr ein ungeladener Gast. Barbara steht auf, öffnet das Fenster

> *Was du liebst, lass frei.*
> *Kommt es zu dir zurück,*
> *gehört es dir für immer.*
>
> **Konfuzius**
> Chinesischer Philosoph, ca. 551 v. Chr.
> Quelle 7

und entlässt eine Biene in die Freiheit zurück. Danach legt sie sich wieder hin. – Bbbbzzzzzzzzzzzzzzzzzzzzzzzzz ertönt es wenige Minuten später erneut. Bzzzz – die Biene ist zurückgekehrt, und mit ihr, kaum zwei Stunden später, eine kleine Gruppe Gleichgesinnter. – »Ein Schwarm! Da ist ein Schwarm!« Kaum eine Woche ist seit diesem so bedeutungslos erscheinenden Ereignis vergangen, als ihre Freundin anruft. »Ich habe einen Bienenschwarm gesehen« sagt diese aufgeregt, »in der Eiche, im Dorf. Was soll ich machen?« – »Und was soll ich machen?« fragt sich Barbara. Sie beschließt, Rat bei jener Imkerin, deren Seminar sie besucht hatte, einzuholen, ruft sie an, erreicht sie aber nicht. – »Hol' ihn dir!« hinterlässt diese ihr später auf dem Anrufbeantworter. »Hol' ihn dir?!« wiederholt Barbara bei sich, »und dann? Was soll ich mit den Bienen? Ich will sie doch gar nicht.« – Schließlich greift die junge Frau, wie sie es gerne tut, wenn ihr Fragen auf der Seele liegen, zur Trommel. Barbara Sassen hatte vor einigen Jahren die Schamanin in sich entdeckt. Der Schamanismus ist eine sehr alte spirituelle Praxis, uralte Höhlenzeichnungen deuten darauf hin, es könnte die Älteste sein. Begleitet von gleichmäßigen tiefen Schlagtönen verbindet sie sich mit ihren Spirits und bittet um Hilfe und Antworten: »Wisse, das sind deine Bienen. Mit ihnen wirst du glücklich werden. – Natürlich kannst du auch zu einem späteren Zeitpunkt anfangen.« – Barbara ist nicht begeistert von dem, was sie erfährt. Ihr Freund noch weniger. »Du spinnst«, sagt er nur. Schließlich nimmt sie ihren Pullover und geht zum Baum. Barbara ist überrascht: Die Bienentraube hängt noch immer dort, als hätte sie nur auf sie gewartet. Sie legt ihren Pullover auf das Straßenpflaster, direkt unter den Schwarm. Von nun an ist es ihrer. Das ist eine *alte Imkertradition*.

Heute steht für Barbara außer Frage: Die Bienen haben sie gefunden. Deshalb hatte sie mich auch angerufen. Die Imkerzeitung, in der sie auf meinen Artikel aufmerksam geworden war, gehört überhaupt nicht zu ihrem Leserepertoire. Sie fiel ihr eher *zufällig* in die Hände. Auch wohnte sie zum Zeitpunkt ihres Anrufs im mehrere Hundert Kilometer entfernten Gießen; eine fotografische Begleitung ihrer imkerlichen Tätigkeit schloss die Entfernung nun wirklich gänzlich aus. Dennoch fühlte sie eindeutig in sich das Bedürfnis, mir davon zu erzählen, ohne wirklich zu wissen, w*arum*. Wir hatten uns auf Anhieb gut verstanden, und so deutete ich zaghaft an, dass es mir schien, als wolle sich ein Buch formulieren. »Eigentlich möchte ich damit nichts zu tun haben«, gestand ich ihr, »würde mich am liebsten mit dem Argument der Unerfahrenheit – die ja nun wirklich in vielerlei Hinsicht besteht – drücken wollen.« »Jetzt habe ich eine

Gänsehaut bekommen«, erwiderte Barbara frei heraus. Uns beiden war sonnenklar: Der Anruf hatte seinen Grund, und das Buch würde seinen Weg nehmen.

Barbaras Schwarm ist schwächlich, eine kleine Traube. Viele sind bei der Suche nach einem neuen Zuhause gestorben. Mit viel Geduld und Lehrgeld päppelt sie die Bienen gemeinsam mit ihrer Freundin, die den Schwarm entdeckt hatte, auf. Jetzt plant sie einen Heilungsgarten mit Meditationssitz zu errichten, an dem sie therapeutisch mit ihren Klienten arbeiten und bei den Bienen singen und meditieren kann. »Die Bienen sind direkt mit der Energie der Göttin verbunden, sie bringen Heilung«, meint Barbara.

Unsere Welt ist polar aufgebaut, schreibt Irene Dalichow Autorin der Krafttiere – Boten der Göttin (Irene Dalichow, *Krafttiere - Boten der Göttin, Mit Krafttieren zu Energie und Heilung*, S. 29ff, Quelle 8). *Das menschliche Leben sinnvoll und glücklich zu leben heißt, sich zwischen den Polen hin- und herzubewegen, sozusagen zwischen den Polen zu tanzen: männlich und weiblich, geistig und materiell, Sommer und Winter, Tag und Nacht. Uralte Symbole wie das Yin-Yang Zeichen ... stehen für diese Gegensätze und ihre Vereinigung. Und sie stehen auch dafür, dass die Menschen schon immer davon wussten, und zwar überall auf der Erde. Dass die Polarität heute aus dem Gleichgewicht geraten ist und es mit unserem Planeten nicht zum Besten steht, dass die Minderzahl der Menschen ihr Leben sinnvoll und glücklich lebt und nur wenige tanzen, ist nichts Neues. In den letzten zweitausend Jahren hat sich der Westen nämlich auf einen ausschließlich männlichen Gott bezogen. Selbst im ursprünglichen Christentum sei Gott männlich und weiblich zugleich*, schreibt sie weiter. (s.o. S.31) *Genau, wie in vielen Eingeborenenreligionen von Vater Himmel und Mutter Erde oder von Vater Kosmos und Mutter Erde gesprochen wird, bestand das Göttliche auch hier aus den beiden sich ergänzenden Energien, der männlichen und der weiblichen. Gott war in seinem männlichen Aspekt der Schöpfer. Die Göttin war die Schöpfung, in der er sich spiegelte. Eins war ohne das andere nicht denkbar. Und die Biene ist auch für Irene Dalichow ... in ganz besonderem Maße ein Tier der Göttin. Als Krafttier kann sie bei der Entwicklung von weiblichen Qualitäten wie Gemeinschaftssinn, Sorge um das Wohl anderer und das Gemeinwohl, Fleiß, Unermüdlichkeit und Enthaltsamkeit (zum Beispiel von Süchten) helfen.* (s.o. S. 267/268) *Krafttiere können uns auf unserem Weg zur Selbsterkenntnis begleiten*, schreibt Frau Dalichow an anderer Stelle weiter. *Und sie können uns, so paradox sich das lesen mag, dabei helfen, zu einem wirklichen*

Menschsein zu gelangen. Das schließt das Spirituelle ebenso ein wie alle Facetten des Menschlichen, ... Der Kontakt mit inneren Helfertieren führt nicht zu einer abgehobenen, sondern zu einer bodenständigen, realitätsbewussten Spiritualität. Und nicht zuletzt führt er zu einer echten Liebe zur Natur, zum Leben und zu Tieren. (Irene Dalichow, Krafttiere - Boten der Göttin, Mit Krafttieren zu Energie und Heilung, S. 12f, Quelle 8)

»Wenn ich mich auf die Bienen einstimme, dann ist mein Herz offen«, erzählt Barbara. »Ich habe zwei Ableger, aber mir fehlt noch der Bezug zu ihnen. Vielleicht liegt es daran, dass das erste Volk immer etwas ganz Besonderes ist. Mein Urvolk ist so geduldig mit mir, tolerant mit meinen eigenen Fehlern, sehr sanft im Zeigen, was ihnen nicht gefällt. Manchmal möchte ich sie am liebsten streicheln. Sie haben mich noch nie gestochen, obgleich ich keine Schutzkleidung trage. Vielleicht hat es auch etwas mit meiner Stimmung zu tun, in der ich hingehe«, überlegt sie laut.

Stimmungen basieren letztendlich auf Gedanken. Und Gedanken haben Kraft. Sie sind Energie, wirken und formen. Der Japaner Maseru Emoto (*Die Antwort des Wassers*, KOHA Verlag), entdeckte, dass selbst Wasser unsere Gedanken und Worte speichert. Gefrierende Wassertropfen bildeten unterschiedliche Kristallisationsbilder, je nachdem, was man über sie dachte oder hinsprach. Wasser in einem Behälter mit positiver Aufschrift bildete ausgesprochen schöne und harmonische Kristalle. Ganz im Gegensatz zu Wasser in Flaschen mit negativen Aufschriften. – Es ist viele Jahre her, da plazierte ich selber einmal auf Anraten eines Lehrers drei Teller mit Samen nebeneinander auf einem Fensterbrett. Die ersten lobte ich, zu den zweiten war ich neutral, und die dritten wurden von mir kritisiert. Ich konnte erleben, wie die ersten schnell wuchsen, die neutralen sich im Mittelfeld bewegten und diejenigen, die ich kritisierte, nicht wachsen wollten.

»Ich habe das Gefühl, mit den Bienen direkt kommunizieren zu können«, erzählt Barbara weiter. »Wenn ich z.B. die Königin suche, dann bemühe ich mich, ihren Standort energetisch aufzufinden.« Unter Tausenden Bienen eine Königin energetisch aufzuspüren, ist nicht einfach, denke ich. »Aber möglich schon«, meint sie. »Ich bemühe mich um eine klare Ausrichtung, liebevolle Zuwendung und natürlich die notwendige Demut.«

Auch einen Altar für die *Varroa*, den ungeliebten Feind der Honigbiene, plant Barbara im Heilungsgarten anzulegen. »Einen Altar für die Varroa?« frage ich erstaunt zurück. - Die *Varroa* ist eine Milbe. Es ist ihr Schicksal, ein Parasit zu sein. Parasiten leben auf Kosten anderer. Und die *Varroa Destructor* lebt von der Honigbiene *Apis mellifera*, genaugenommen von ihrer Brut. Im Winterhalbjahr, kurz vor dem Verdeckeln, geht sie in die Wabenzelle und nistet sich auf der Bienenlarve ein. Die hungrige Milbe durchbohrt mit Hilfe ihrer Mundwerkzeuge die Körperdecke ihres Wirtes und saugt in kleinen Mengen deren Blut aus. Ist ein Bienenvolk von der *Varroa* befallen, ist es schwach. Ein schwaches Volk hat einem potenziellen Angreifer nicht viel entgegenzusetzen. Der Befall kann schließlich zum Zusammenbruch des ganzen Bienenvolkes führen. Parasiten werden verständlicherweise allgemein wenig gemocht. Wir Menschen neigen dazu, unser Augenmerk ausschließlich auf die unangenehme Seite ihres Daseins zu lenken, und vergessen, darüber nachzudenken, welchen Nutzen sie uns bringen könnten. Einfach ist das nicht. Die mörderische *Varroa* zum Beispiel hat

> *Einzig der Mensch ist fähig, sich seiner Mitgeschöpfe anzunehmen.*
>
> Tenzin Gyatso
> *1935 Tibet
> Seine Heiligkeit der 14. Dalai Lama
> Quelle 9

weltweit bislang Millionen Bienenvölker vernichtet. Und es erscheint äußerst fraglich, ob die Bienen den Kampf gegen diesen unersättlichen Feind ohne die pflegerische Betreuung der Imker überhaupt überlebt hätten. Um so bemerkenswerter empfinde ich Barbaras Vorhaben. »Mir geht es um die Heilkraft der Erde«, schließt sie an. »Die Bienen sind bedroht. Und die Varroa hat die undankbare Aufgabe übernommen, auf diese Situation aufmerksam zu machen. So habe ich es erfahren. Und dafür möchte ich sie ehren. Das Zeitalter der Bienen ist keineswegs vorbei. Das würde nicht passen. Im Gegenteil: Die Bienen helfen uns, unsere empfängliche Seite zu stärken, die weibliche Kraft zu verbreiten und die Göttin zurückzuholen. Es geht darum, Liebe in die Welt zu bringen, Achtung zu allem Leben zu lehren und uns mit der Natur zu verbinden.« – Gibt es deshalb heute mehr Imkerinnen als damals? frage ich mich im Stillen.

Barbara hat das Bedürfnis, die Bienen ihrem Wesen gemäß zu betreuen. Aber wie wäre die natürlichste Führung, fragt sie sich. Deshalb bittet die Jungimkerin im Gebet um einen spirituellen Bienenmeister aus der *unteren Welt.* »Einen spirituellen Imker aus der unteren Welt? Was ist damit gemeint?« frage ich sie. »Im Schamanismus unterteilt man den Kosmos in drei Welten«, erklärt sie mir. »Das sind natürlich nur Hilfswörter, um das Nichtfassbare, die nicht alltägliche Welt irgendwie erklärbar zu machen. Die obere Welt ist die himmlische mit Sitz der Götter und spirituellen Ratgeber. Es ist der Ort der Weisheit. Die mittlere ist die Welt des Hier und Jetzt, des Nichtalltäglichen und Nicht-Sichtbaren, in der auch Naturgeister leben. Und in der unteren Welt gibt es z. B. die Hüter der Tiere, die helfenden Geister.« – »Und einen spirituellen Imker würde man in der unteren Welt finden?« frage ich. »Warum sucht man ihn nicht in der oberen Welt, da, wo man dem Göttlichen doch viel näher ist?« – »Ich bitte ja um ganz konkrete Hilfe, physisch-materielle, die den Alltag betreffen«, antwortet sie, »da ist die untere geeigneter. Würde es um geistig-seelische Probleme gehen, würde ich mich an die obere wenden.« *Oben ist doch viel besser,* dachte ich, und ertappte mich wieder mal, wie ich aus Unwissenheit sofort gewertet hatte.

»Inwiefern kann ein spiritueller, geistiger Imker anderes raten als ein Imker unserer Welt, wenn es doch ganz konkret um physisch-materielle Ratschläge geht? Ich verstehe das nicht Barbara.« – »Denkbar wäre das theoretisch schon«, sagt sie, »aber ich glaube, das Mysterium der Bienen ist bislang noch nicht annähernd von uns Menschen erfasst worden. Und vielleicht helfen uns Antworten von jenen, die in einer Welt zwischen Himmel und Erde weilen und die die hohen Schwingungen der Bienen auf andere Weise erfassen können als viele von uns.«

Die Bienen stammen nicht von der Erde. Omraam Mikhaël Aïvanhov, Quelle 19

»Ein Volk ist ein Wesen. Es wird der Bien genannt, und jede Biene ist ein Organ des gesamten Bien. Kommunizieren tue ich mit dem Volk als Einheit, nicht mit jeder einzelnen Biene.« Robert Friedrich, S. 57

50

Alchimistische Vorgänge

Robert Friedrich

»Bei der Arbeit an den Bienen spreche ich nicht gerne. Die mögen es nicht, wenn man Aufmerksamkeit teilt«, schreibt mir Robert Friedrich in seiner Email, als wir versuchen, einen Termin für unser Gespräch zu vereinbaren. »Das Futter ansetzen ist keine beschauliche Angelegenheit, aber der alchimistische Prozess erlaubt es, uns zu unterhalten. Willkommen sind Sie an beiden Tagen!«

Ich stehe vor einer alten Scheune neben einem ökologisch geführten Biohof am Stadtrand von Mainz. Es ist kurz vor acht Uhr morgens, herüberziehende Wolken schütten von Zeit zu Zeit ihre Tropfen über mir aus. Es fröstelt mich leicht. Da kommt mir Robert auch schon entgegen. Er begrüßt mich freundlich. Eine gewisse Zurückhaltung meine ich auch wahrzunehmen. »Entschuldigen Sie diese Unordnung, mein Lehrling kommt heute erst später«, sagt er und stellt einen großen gastronomischen Suppentopf auf einen kleinen Gasbrenner. Es scheint als überlege er, wie er sich am besten organisieren soll, wobei er meine stille Anwesenheit nicht aus den Augen verliert. Ich möchte ihn keineswegs stören. Deshalb halte ich mich im Hintergrund, beobachte seine Aktivitäten und warte auf jene Momente, in denen er von sich aus sprechen mag. – »Ich bin kein Erzähler«, sagt er inmitten von Holen, Bringen und Räumen, um nach einer kleinen Pause warmherzig hinzuzufügen: »Sie müssen mir alles aus der Nase ziehen, fragen Sie, was Sie wissen wollen« und dann zu gestehen: »Ich finde es erstaunlich, dass jemand etwas über Bienen schreiben will, der keine hat …« – »Ich auch«, stimme ich ihm zu und fühle Verunsicherung in mir aufsteigen, die sich erst

wieder legt, als ich ihm aufrichtig erzähle, wie alles kam, was mich bewog, dieses Vorhaben konkret werden zu lassen, meine ersten Erfahrungen mit den Bienen und letztendlich glücklichen Fügungen, die mich schließlich zur Fortführung des Vorhabens animierten. Worauf er ergänzt:, »... und die in kurzer Zeit empfindet, wofür ich zwanzig Jahre gebraucht habe.« Geschmeichelt oder nicht, es löst die Anspannung.

Da hebt der zartgebaute Mann eine riesig gefüllte Glaskanne, um sie von der hintersten Ecke der Scheune nach vorne zum Brenner zu tragen. »Das Wasser habe ich in der Osternacht von einer speziellen Quelle geholt«, sagt er mir unmittelbar, »damit koche ich die Tees für das Winterfutter der Bienen.«

Ich halte einen Moment inne: Ein Seminar, das ich vor etwa 25 Jahren in Frankfurt besucht hatte und in dem ich zum ersten Male mit spirituellen Themen in Berührung kam, wird in mein Gedächtnis zurückgerufen. Der Seminarleiter ist Arzt, Homöopath und Alchimist. Wir wurden dazu angeregt, in der Woche vor Ostern jeweils ein Ei eines jeden Tages, also eins Montag, eins Dienstag, ..., einem Huhn zu entnehmen und diese Eier über ein Jahr lang aufzuheben. Egal wo. *Schauen Sie was passiert,* wurde uns geraten. Meiner Neugierde folgend, tat ich es auch. Als ich ein Jahr später die Eier hervorholte und sie eines nach dem anderen öffnete, war ich sprachlos vor Überraschung – ebenso wie all die anderen, die es versucht hatten: Die Eier waren noch immer gut! Bis heute weiß ich nicht, wie das sein kann, frage mich aber, welche Energie die Karwoche begleitet, die Woche, in der es um *Leiden, Tod* und *Auferstehung* geht.

Ist es nun ein Zufall, dass Robert mit Osterwasser den Futtersaft der Bienen zubereiten will? Kaum zu Ende gedacht, scheppert es laut. Die rund gewölbte Kanne ist aus seinen Händen geglitten und zerschellt am Boden. »Das sollte wohl nicht sein!« sagt er nur kurz, holt einen Besen und kehrt die Scherben auf. Seine Augen sprechen von weniger Enttäuschung, als ich es erwartet hätte. »Ich möchte ein Bewusstsein für das entwickeln, was ich tue, aber meistens weiß ich überhaupt nicht, was ich tue«, sagt er, während ein Streichholz nach dem anderen nicht zünden will. »Heute ist ein wirklich schwieriger Tag. Nicht mal das Feuer funktioniert. – Für mich ist es unbefriedigend, nicht zu wissen. Manchmal kommt eine Erkenntnis. Das ist dann schön.« – Robert hält einen Moment inne, dann entscheidet er: »So, jetzt räume ich erst mal alles raus, mache leer. Dann kann ich wieder auffüllen.« Er greift nach dem Gartenschlauch und übergießt den Ackerschachtelhalm im Kochtopf mit Leitungswasser. In einem zweiten

Topf bringt er den Löwenzahnblüten-Tee zum Kochen. »Den Bienen möchte ich in ihrer Not helfen, sie stärken, damit sie von sich heraus Abwehrkräfte gegen Schädlinge entwickeln können.« Zu dieser Stärkung gehört für Robert Friedrich ein nahrhaftes Winterfutter. Normalerweise werden die Bienen Mitte bis Ende Juli abgeerntet, so sagt man, wenn man ihnen den Honig, auf dem sie natürlicherweise überwintern würden, entnimmt. Als Ersatz für die fehlende Nahrung reicht man in vielen Imkereien eine gesättigte Zuckerlösung, schnell zubereitet aus zwei Teilen Wasser und drei Teilen Zucker.

»Unsere Lebensmittel sind krank«, sagt Robert, »auch die Pflanzen bringen keine starken Früchte zustande. Bei meiner Suche nach Hilfe bin ich auf den Alchimisten gestoßen. Gemeinsam haben wir die Futtermischung zusammengestellt. Früher gab es Mischanbau«, führt er weiter aus, »heute gibt es fast nur noch Monokultur. Durch die Spezialisierungen geht unser Blick aufs Gesamte verloren, Entscheidungen für Handhabungen werden gern nach Profit ausgerichtet. Einzelne Imker versuchen das zu stärken, was im Ganzen vernachlässigt und unbeachtet bleibt, um damit Entwicklungen entgegenzuwirken.«

Jeder Mensch ist ein Alchimist, nur weiß er es normalerweise nicht, sagte der spirituelle Lehrer Omraam Mikhaël Aïvanhov (†1986 Frankreich). *Unser ganzes Leben lang auf dieser Erde wandeln wir Materie um und erhöhen sie: Alles was wir essen, wird in Nerven, Blut, Fleisch, Knochen, Zähne und Haare verwandelt. Stoffe werden aufgelöst, verwandelt und auf einer höheren Ebene wieder zusammengefügt.* (Omraam Mikhaël Aïvanhov, *Spiritual Alchemy*, Quelle 10) Für den gebürtigen Bulgaren war die Biene *ein Symbol des Eingeweihten, der gelernt hat, alles in sich zu transformieren, zu sublimieren und zu erleuchten, um Honig herzustellen. Der Bienenstock ist in seinem Inneren, und der Honig entspricht seinen Ausstrahlungen, den reinsten, feinsten Elementen, die von seinem ganzen Wesen ausströmen. Jedes Wesen ist dazu aufgerufen, in sich selbst eine Quintessenz zu suchen und diese herbeizunehmen, um sie in Honig umzuwandeln. Dazu muss er mit dem Verstand, dem Herzen und dem Willen arbeiten, denn der Verstand, das Herz und der Wille sind die Werkzeuge, dank derer er in seinem inneren Destillierkolben alles herstellen kann. ... Der wahre Alchimist hat eine Sache gelernt: nämlich wie er zur Biene wird, wie er das Beste von allem, was sich in der Natur, und vor allem in den menschlichen Wesen findet, extrahieren kann. Er betrachtet die Wesen, spricht mit ihnen und jedes*

von ihnen ist eine Blume, von welcher er den Nektar sammelt, um Honig herzustellen.
(Omraam Mikhaël Aïvanhov, *Gedanken für den Tag*, Quelle 11)

Der reichhaltige Duft der Kräuter durchströmt die Scheune. Mittlerweile ist auch Johannes eingetroffen. Er ist einer von 26 Lehrlingen im Lande. Nachwuchsimker sind rar. »Die Bienen haben anscheinend noch genug Futter«, sagt Robert Friedrich, »sonst wären sie schon längst vom Duft der Kräuter in die Scheune angezogen worden. Vielleicht gibt es ja noch Lindenblüten«, denkt er laut. Dann reicht er mir eine Flasche: »Mögen Sie mal den Futtersaft vom Vorjahr probieren?« Er schmeckt köstlich und erinnert mich an meine Kindheit. – »Die Menge der Fütterung hängt vom Standort und Zustand der Bienen ab«, erklärt er mir. »Es gibt sogar Standorte, wo ich nichts füttern muss. Wenn z. B. die Phacelia dort wächst.« Die blaue Pflanze wird auch *Bienenfreund* genannt, weil hohe Erträge an Honig möglich sind. Johannes steigt mit Badehose bekleidet in den bis zur Scheunendecke reichenden großen Edelstahlkochtopf zur Reinigung, während sich der Thymian im Kochtopf zum Tee entwickelt und sein Lehrmeister den Ackerschachtelhalm schleudert, bis jedweder Saft aufgefangen ist. Die ausgewrungenen Blüten werden auf ein Gitter zum Trocknen gelegt, um sie später zu verbrennen. Auch die Asche ist Teil des Futtersaftes. Feste, ätherische und flüssige Stoffe werden erst getrennt, um sie dann wieder unter Zugabe von ätherischen Ölen zusammenzuführen. Der Brottrunk dient zur Vorbeugung der Gärung, macht den Futtertrunk haltbar. Jetzt fehlen noch Lavendel, Rosmarin, Honig, Wasser und Zucker, und der *Zaubertrank* steht kurz vor seiner Vollendung.

Robert Friedrich war Fotograf für Werbung und Mode, als er vor rund 25 Jahren eine seiner Schwestern besuchte, die damals auf einem Bauerhof arbeitete. »Beim Ziegenmelken entdeckte ich meine Liebe zum Landleben«, erzählt er. »Ein Jahr später verbrachte ich den Urlaub mit meiner Tochter auf einem Hof im Schwarzwald. Wir nächtigten drei Wochen im Giebel einer alten Scheune direkt neben zwei Wespennestern. Sie gaben den Anstoß, Bienen zu halten. Bienen kann man auch in der Stadt haben. Mit Ziegen ist das schon schwieriger.« Heute bestreitet der erfahrene Berufsimker seinen Lebensunterhalt hauptsächlich mit Honig. Zusätzlich unterrichtet er Studenten im Fachbereich Fotografie an der Universität Mainz. »Im letzten Jahr hatte ich genug Honig, um davon leben zu können. Verlass ist allerdings nicht darauf«, fügt er an. »Außerdem engagiere ich mich in Schloss Freudenberg (www.schlossfreudenberg.de), wo ich auch eine kleine Werkstatt habe, in der ich öffentlich Kerzenwachs herstelle und Honig schleudere und wo jedermann es gleichmachen kann, wenn er erfahren will, wie das geht. Schloss Freudenberg ist eben ein Ort, in dem es um das Erfahren geht. – Gerne würde ich ein Fotobild von einer Wabe machen, so groß und scharf, dass man sich in das Foto stellen und die Wabe erleben kann«, erzählt er mir mit

glänzenden Augen, um im nächsten Augenblick, wie zu sich selbst, zu ergänzen: »Alles hilflose Versuche, das Nicht-Ausdrückbare, das, was intuitiv erfahren wird, zum Ausdruck bringen zu wollen.«

»Ob die Biene Bewusstsein hat, wollen Sie wissen?« wiederholt Robert Friedrich meine Frage. »Die Biene ist im Grunde ein selbstloses Wesen, sie will einfach nur ihrer Arbeit nachgehen. Aber lassen Sie mich Ihnen eine wahre Geschichte erzählen, und dann urteilen Sie selbst: In einer imkerlichen Prüfungssituation wird ein Anwärter vor der Kommission gefragt, was denn der Landwirtschaftsverband sei. – Sesselfurzer antwortet der Prüfling. Kaum ausgesprochen kommt eine Biene angeflogen und sticht direkt auf seine Lippe. Er hatte eine dicke Lippe riskiert, meinen Sie nicht?« sagt Robert

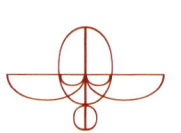

*Willst du dich zu Bienen wagen,
muss dein Herz
in Reinheit schlagen.
Denn es ist der Bienenpflicht,
dass sie alle Sünder sticht.*

Imkerspruch
Inschrift an einem bayerischen Bienenhaus
Quelle 12

Friedrich und grinst mich an. »Wenn ich Kinder über Bienen unterrichte«, erzählt er weiter, »wedeln sie manchmal mit dem Imkerbesen vor den Bienen herum. Kinder haben keinen Argwohn, sie machen das spielerisch. Bislang hat keine Biene auch nur ein Kind gestochen. Auch wenn ich Gruppen unterrichte, wissen das die Bienen und erlauben es. Meine Konzentration ist nicht gänzlich bei ihnen, aber sie stechen mich nicht. Ganz anders, wenn ich alleine bin. Dann ist alles viel enger, die Bienen fordern meine ganze Achtsamkeit, nur ein anderer Gedanke kann schon dazu führen, dass sie mich stechen.«

Erneut zerschellt Glas am Boden, als er mir in seiner Wohnküche heißes Wasser zubereiten will: »Ich bin überfordert. Im Moment ist alles zu viel für mich«, gesteht er. »Ich betreue 2oo Völker.« – »Haben Sie ein Lieblingsvolk?« frage ich. »Nein, aber es gibt Völker, die ich besonders gerne beobachte. Manchmal spreche ich mit ihnen, frage die Bienen, was sie wollen. Wenn ich keine Antwort bekomme, arbeite ich einfach weiter, gehe der rein handwerklichen Imkertätigkeit nach.« Dabei legt er den Löwenzahn zum Trocknen auf ein Sieb. »Die Kräuter brauchen von unten Licht, deshalb das Sieb«, erklärt er mir. – »Sie sprechen mit den Bienen? Wie darf ich mir das vorstellen?« frage ich weiter. »Es ist ein innerlicher Vorgang, ich erfahre intuitiv. Ein Volk ist ein Wesen. Es wird der Bien genannt. Und jede Biene ist ein Organ des gesamten Bien. Kommunizieren tue ich mit dem Volk als Einheit, nicht mit jeder einzelnen Biene. – Die Verbindung der Bienen nach oben ist klar«, fügt er an. »Ihre Schwingung trägt von oben die Informationen zur Erde und von der Erde in die geistige Welt. Es ist ein Reinigungsvorgang. Die Bienen sind selbstloser als andere Tiere. Und der Mensch ist irgendwann dran, die Aufgaben der Bienen zu übernehmen. Wenn der Mensch die Selbstlosigkeit der Bienen hat, die Liebe aus sich heraus zu entwickeln und weiterzugeben.«

Am kommenden Tag fahren wir in seinem Lieferwagen einige seiner Standorte ab. Robert wirkt ruhig, ganz im Gegensatz zu mir. Noch immer regnet es, vielleicht liegt es daran. – »Da hinten im Eimer ist ein junger Schwarm«, sagt er mir. Ich drehe mich um, und für einen Moment wird es mir mulmig zumute. Es ist meine erste Autofahrt mit einem Schwarm im Gepäck. Die Fantasie geht mit mir durch! Was wäre, wenn der Eimer nicht dicht hält? Verglichen mit der Tiefsinnigkeit unseres Gespräches über das spirituelle Wesen der Bienen erscheint mir meine Angst beschämend banal.

»Ich versuche, mich ganz bewusst der inneren Führung hinzugeben«, ergreift Robert das Wort. »Wir brauchen Wissen und fachliche Erkenntnis, sie hilft uns, vorzubereiten und unserer handwerklichen Tätigkeit gut nachzukommen. Die Kunst besteht dann aber in der Fähigkeit, das erworbene Wissen wieder zu vergessen, um der Entwicklung seinen freien Lauf zu lassen. Sich also dem Willen des Schöpfers bewusst unterzuordnen. Deshalb frage ich mich auch immer wieder: Was tue ich denn da eigentlich?« – Als wir bei den historischen Römersteinen in Mainz seine Bienen besuchen, kehrt bei mir wieder Ruhe ein. Für den unwissenden Betrachter mögen die Stöcke in dem blumenreichen Garten wie zufällig in die Landschaft positioniert aussehen. Am auffälligsten ist ein Volk, das erhöht über die anderen zu thronen scheint. Dabei ist ihm eines zur Rechten und eines zur Linken gestellt. Die meisten Bienenstöcke haben keine Schlitze, sondern runde Löcher. »Das habe ich aus praktischen Gründen so gemacht. Die Bienen fliegen dann direkt ohne Landebahn in den Bienenkasten. – Sind sie nicht schön?« schwärmt Robert und hält inne. »Für mich ist die Biene am harmonischsten. Ich habe mir mal Fotos von Bienen auf einer großen Leinwand über viele Stunden angeschaut und sie mit denen von Raubinsekten und Wespen verglichen. Da wurde mir das klar. – Es ist erstaunlich, wie viele Faktoren eine Rolle spielen und wie wenig ich eigentlich weiß. Es gibt z. B. Bienenstöcke oder Plätze, die sind immer wieder mit Ameisen übersät, während danebenstehende Völker noch nie welche hatten. Warum, weiß ich auch nicht«, sagt er. »Wir Menschen wollen eine feste Form haben. Wenn wir jetzt weniger Völker haben, dann stimmt für uns Menschen die angebliche Form nicht mehr. Es gab Zeiten, da sind bis zu 90% der Bienen gestorben, obwohl sie wie früher gehalten wurden. Für mich sind das einfach nur typische Entwicklungszyklen«, führt Robert seine Gedanken mit Blick auf das alarmierende Sterben amerikanischer Bienen aus. Seit Herbst 2006 gingen allein an der Ostküste 70% der Völker ein. Da kommen Imker zu ihren Stöcken und begegnen einer gespenstischen Leere. Tausende Bienen sind einfach weg. Keiner weiß wohin. Keine einzige tote Biene wird in und um den Stock gefunden. Selbst tierische Plünderer lassen bis zu zwei Wochen auf sich warten, bis sie die verlassenen Bienenstände ausrauben. – Einen Namen hat man gefunden - *Collony Collapse Disorder* – eine Antwort auf das *Warum* aber nicht. Und so wird spekuliert: Bienenkrankheit? Immundefekt? Genmanipulation? Oder ... vielleicht Stress? Stress bei Bienen? Kann das sein? Viele amerikanische Bienen haben kein einfaches Leben. Sie reisen mit Tausenden Artgenossen auf riesigen Lastwagen des Nachts quer durch das Land, um während des Tages abgestellt in Plantagen und Monokulturen ihren Dienst als Bestäuber zu verrichten. Haben sie ihren Job erledigt, heißt es weiter zur nächsten. »Vielleicht wollen sich gar nicht mehr so viele Bienen inkarnieren?« sagt Robert. »Was wissen wir schon, was im göttlichen Plan vorgesehen ist?!«

Im Hunsrück in der Nähe eines Biohofs lässt er den Schwarm in eine Kiste. »In Gemeinschaften nehmen einzelne Völker Eigenschaften an. Manche dominieren über andere am gleichen Standort, manche sind faul, andere eher normal. Es gibt junge Völker, ordentliche, harmonische und auch Störenfriede. Würde man den Standort verändern, könnte es sein, dass sich auch die Eigenart des Volkes verändert«, erklärt er mir. »Aus meiner Sicht kann der Imker über den Standort viel bewirken, manipulieren. Manchmal versetze ich die Stöcke nur um wenige Zentimeter, ganz so, wie ich es früher beim Einrichten eines Fotos gemacht habe.« – »Und worin äußert sich die Veränderung?« hake ich nach. »Zum Beispiel in der Honigproduktion«, antwortet er.

»Meine Schwester hat da so eine Begabung«, schließt Robert Friedrich nach einer kurzen Pause an. »Wollen Sie sich mal mit ihr unterhalten?« Ohne mich nach der Begabung zu erkundigen, sage ich ja, folge meiner Intuition.

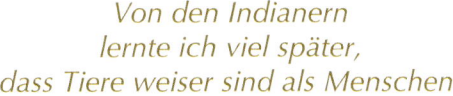

*Von den Indianern
lernte ich viel später,
dass Tiere weiser sind als Menschen.
...
Sie haben sich noch nicht in dem Labyrinth
der Gedanken verirrt,
die ein übergroßer,
abgekapselter Kopf hervorbringt,
sondern sind noch
mit dem Großen Geist verbunden,
mit der Weisheit
des Himmels und der Erde,
mit den Gottheiten.
Wenn man in ihre Traumzeit einsteigt,
können sie unsere Lehrer sein.*

Dr. Wolf-Dieter Storl
*1942, Sachsen, Kulturanthropologe, Ethnobotaniker
aus: *Ich bin Teil des Waldes*, S. 11, Quelle 13

Aus den zuckerhaltigen Ausscheidungen der Lachniden (Baumläuse), dem Honigtau, der sich als winzige Tröpfchen auf den Bäumen zeigt, versteht die alchimistin Biene den Waldhonig herzustellen.

»Man kann sich nur den Bienen nähern, wenn man die eigene Schwingung erhöht« Monika Friedrich, S.71

in Resonanz mit dem Standort

Monika Friedrich

> *Es gibt nichts im Bienenvolk
> das nicht auch in
> einer einzelnen Biene vorhanden ist.
> Wiederum kannst du
> eine Biene ewig untersuchen,
> mit einem Zyklotron oder Fluoroskop,
> das Volk aber wirst du niemals finden.*
>
> Kevin Kelly
> Autor, *1952, USA, Quelle 14

»Zu den Bienen hab' ich was zu sagen«, äußert sich Monika Friedrich am Telefon. »Später erwarte ich Gäste, wir könnten uns nur jetzt treffen.« Das passt mir gar nicht. Hatte ich doch auf den nächsten Morgen gehofft. In meiner Müdigkeit sehne ich mich nach Alleinsein und Regeneration in der Natur. Auch mag ich es gar nicht, einen

Gesprächspartner direkt nach einem anderen zu treffen. Dennoch füge ich mich in die spontane Qualität des Momentes und fahre zu ihr hin. Sie wohnt wie ihr Bruder Robert in Mainz. Die Stadt ist mir fremd. Trotzdem finde ich die kleine Einbahnstraße sofort, was mich erstaunt, denn Wegbeschreibungen liegen mir nicht. Als mir auf Anhieb auch noch einer der raren Parkplätze in dieser dicht besiedelten Wohngegend zur Verfügung steht, freut mich das Zusammenspiel der günstigen Fügungen. Für mich sind sie Zeichen. Das Treffen passt.

»Wir können hier in der Küche sitzen«, sagt Monika, »mit der frischen Luft vom Balkon, oder im anderen Zimmer dort drüben, da ist die Energie besser.« Ohne zu überlegen, entscheide ich mich sofort für das andere, das mit der guten Energie. »Eigentlich habe ich mit Bienen gar nichts zu tun«, sprudelt es aus ihr heraus, »nur durch Robert.« – Der frage sie manchmal nach Bienenstandorten – also ihr Lieblingsplatz sei in Wackernheim, da sei einfach so viel Energie, ein sehr guter Platz für die Bienen. »Als ich mit Robert das erste Mal dorthin kam, habe ich allerdings nur Chaos wahrgenommen. – Ich bitte dann erst einmal um rein äußere Informationen«, beschreibt sie ihre Vorgehensweise, »also sammle Daten. Robert gibt mir nur Vorgaben, zum Beispiel wie viele Völker er dort hinstellen mag und den grundsätzlichen Standort.«

Als ein geeigneter Standort gilt normalerweise für einen Imker ein Platz mit ausreichendem Nahrungsangebot wie Pollen, Honigtau und Nektar. Weiden in unmittelbarer Umgebung sind ebenso wichtig wie natürliche Wasservorkommen. Die Bienen sollten es sonnig aber beschattet und windgeschützt haben, und möglichst weit entfernt von dicht besiedelten Wohngebieten stehen. Glascontainer oder Müllplätze wünscht man sich außerhalb des Flugradius der Bienen, um damit der Seuchengefahr (amerikanische Faulbrut) vorzubeugen. Wasseradern, Erdströmungen, planetarische Konstellationen oder die Ausrichtung des Fluglochs in eine bestimmte Himmelsrichtung werden bei manchen Imkern ebenso berücksichtigt.

»Dann mache ich die Augen zu«, führt Monika weiter aus, »vergesse wieder alles, und bitte darum, zum Wohle der Bienen informiert zu werden. Ich lass' es still werden. Nur in der Stille kann man hören. Das geht ganz automatisch bei mir«, sagt sie. »Mein Verstand weiß nichts, ich öffne mich für alle Möglichkeiten, die außerhalb des Verstandes liegen. Ich höre oder sehe. Meist sind es Sätze, die ich bekomme oder die sich in mir bilden. Es sind Sätze, die ich mit meinem Verstand nicht wissen kann. Ich glaube, es ist die Fähigkeit zur Resonanz, die Resonanzfähigkeit.« Ich erlebe Monika als äußerst bescheiden, vielleicht sogar ein wenig unsicher, es scheint mir, als wäre es eine Unsicherheit in die eigene Begabung; ein mir sehr vertrautes Gefühl. »Schließlich laufe ich den Standort ab und sage Robert, was sich in mir formuliert«, erzählt sie weiter. »Ich prüfe, wie ich es als optimal empfinde. Zeige ihm, wo welches Volk am günstigsten stehen würde, sage, da kommt das Volk hin, da so viele oder da mehrere übereinander. Manchmal stehen Völker zu dritt, manchmal zu zweit. Plätze sind Träger von Informationen, und davon hängt vieles ab. Die Völker eines Standortes bilden eine Gruppe, und jede Gruppe übernimmt bestimmte Aufgaben. Einmal sagte ich Robert, wo das Leitvolk stehen sollte. – Leitvolk«, wiederholt Monika betonend. »Ich hatte ein Wort ausgesprochen, das ich gar nicht kannte. Kenne mich doch mit Bienen nicht aus. Das habe ich erst mal lernen müssen. Also ein Leitvolk übernimmt die spirituelle Führung«, erklärt sie mir weiter. »Es ist das Volk, das die stärkste Anbindung oder Verbindung oder Aufmerksamkeit oder das Ausgerichtetsein nach oben oder zum Kosmos hat. Dieses Volk plaziere ich höher als die anderen. Die anderen Völker sind freier in ihren Aufgaben. Ein Wächtervolk hilft z. B., damit das Leitvolk in Ruhe regieren kann. Na ja, und dann gibt es noch Grüppchen, Tantchen oder junge Spunde, die noch nicht so wissen, wo es lang geht. Mit diesen Völkern kann man gut auf Reisen gehen, habe ich Robert gesagt, also wenn er ein Volk für einen anderen Standort braucht, dann wären die dafür geeignet. – Standorte sind nicht statisch, alles verändert sich, alles ist Resonanzfeld. Einmal sehe ich zum Beispiel, wie Robert einen Ast vom Baum sägt, weil er dort die Bienen hinstellen will. Und ich frage ihn, Moment mal, hast du denn den Baum gefragt? Du veränderst doch damit das ganze Umfeld? Da ist ihm das erst bewusst geworden. – Auch hatte ich einmal von einem Volk wahrgenommen, das sich von Robert nicht genügend geachtet fühlte«, sagt Monika. »Er gab zu, dass die Bienen für ihn zur Selbstverständlichkeit geworden waren, dass er sich ihnen persönlich nicht ausreichend zugewendet, ja, sie vernachlässigt hatte. Das kann passieren – ganz so wie in einer Partnerschaft, wenn wir nach einer Zeit des Zusammenseins den Partner nicht mehr richtig wahrnehmen, weil er für uns zur Gewohnheit geworden ist. In den USA haben die Bienen ja gar keine Hinwendung mehr, wie müssen die sich auf den Lkws fühlen?« fügt sie mitfühlend an.

»Der Tod ist für die Bienen kein Thema«, meint Monika. »Als ein Volk auf dem Standort in Wackernheim starb, war Robert sehr aufgeregt. Da habe ich ihm aber gesagt, dass das nichts macht. Das sei nicht so tragisch. Das musste so sein. Etwas musste verwandelt werden. Es hat seine Ordnung, wenn ein Volk stirbt, selbst wenn wir den Grund nicht kennen.« – Monika pausiert immer wieder zwischen ihren Erzählungen. In den Momenten des Schweigens scheint sie sich ihre Erlebnisse zurückzurufen: »Beeindruckend war für mich ein Reiki-Seminar*, indem es um eine Einweihung ging. Das Fenster war auf. Da es an der Nordseite liegt, also wenig Sonne hat, habe ich dort keine Blumen. Und plötzlich kommen Bienen hereingeflogen, erst nur wenige, dann immer mehr. Und das während einer Einweihung. Es war wirklich heftig. Also rufe ich Robert an und frage ihn, was ich machen soll. – Bienen im Zimmer sagt er, so was gibt es eigentlich nicht. Das Zimmer war mittlerweile schon ganz schwarz vor Bienen gewesen, eine unglaubliche Energie war hier in diesem Raum, wo wir gerade sitzen. Es ist mir wirklich ungeheuer vorgekommen, alles war angespannt, alle Sinne geöffnet, es ist schwer zu beschreiben. Normalerweise empfinde ich das Summen sehr beruhigend, ich fühle mich erholt, aber das hier war anders. – Robert kam sofort vorbei. Bei seinem Eintreffen waren sie schon am Rausfliegen. Es war kein Schwarm, hatte er gleich festgestellt gehabt. – Robert hat einen Bienenstand in der Nähe meiner Wohnung. Ich glaube, diesen Lichtplatz wollten die Bienen mit dem Zimmer verbinden, um die Umgebung zu reinigen. Wir haben ja hier den Friedhof, das Seniorenheim meinem Wohnhaus gegenüber und das Krankenhaus, und ich denke, dass sie dieses Gebiet weitläufig reinigen wollten, oder klären, vielleicht trifft das Wort besser, um Licht in ihren Lichtkreis zu bringen. Die Bienen sind Träger des Lichts. – Ob das so stimmt, weiß ich nicht, aber so nahm ich es wahr«, sagt Monika. »Auf jeden Fall empfand ich es als große Ehre, dass sie gekommen waren. Ich hatte das Gefühl, als hätten sie meine Arbeit anerkannt.

Während meiner Arbeit kommen Analogien zu Farben«, führt sie weiter aus. »Mit den Bienen verbinde ich Grün, also Heilung, Rot, Kraft, und Gelb.« Die diplomierte Sozialpädagogin Monika Friedrich hat eine Praxis, in der es um die Arbeit mit Energien geht. »Die Bienen haben eine tiefe Kommunikation«, erzählt sie weiter, »eine sehr starke Energie. Mit Katze und Hund kann man eher eine Beziehung haben. Das ist persönlicher. Mit den Bienen ist das eher energetisch. Sie sind ein Volk für sich. Da kann man auch nicht so viel mit machen, man kann sie ja nicht streicheln oder so.

(*) Reiki: Das Wort *Reiki* stammt aus Japan. *Rei* steht für: Geist, Seele, heilig, Geheimnis, unsichtbarer Geist. *Ki* steht für: Energie, Herz, Natur, Talent, Atmosphäre und Gefühl. Frei übersetzt steht *Reiki* für die *Energie des Lebens*. Sie wird übertragen durch das Auflegen der Hände.

Die sind einfach eigenständiger. Man kann sich nur den Bienen nähern, wenn man die eigene Schwingung erhöht. Bei den Bienen werden unsere Nerven auf höchster Stufe angeregt. Die Energie ist sehr stark. Wenn man dann nicht vorbereitet ist, hält man sie nicht aus.«

Vielleicht hatte ich in jungen Jahren auch deshalb kein Interesse an den Bienen, weil ich ihnen auf persönlicher Ebene kaum begegnen konnte. Und eine andere war mir nicht bekannt. Gehe ich heutzutage zu einem Bienenstand, scheint sich etwas in mir ganz automatisch auf Nach-Innen-Gehen umzustellen. Ich weiß nicht, ob das einem Erhöhen meiner Schwingung entspricht, wüsste auch gar nicht, wie ich das bewerkstelligen sollte. Ich versuche nur, in die Ruhe zu kommen. Dabei scheint es mir, als nehme ich meine eigene Energie zurück, reduziere mich, oder vielleicht ist es besser ausgedrückt, wenn ich sage, ich nehme die Energie meiner Persönlichkeit zurück, indem ich meine Aufmerksamkeit auf die Qualität des Momentanen zu fokussieren versuche. Je mehr sich meinem Kopf die Macht entzieht, desto entspannter werde ich. Wenn ich dann Fotos mache, kann ich sogar ganz nah ans Flugloch gehen, einem sehr sensiblen Ort des Bienenstocks, ohne angegriffen zu werden. Das geht nur solange, wie ich einigermaßen im Einklang bin. Meistens ist es recht kurz. Falle ich aus diesem Zustand heraus, ziehe ich mich lieber aus der unmittelbaren Umgebung des Volkes zurück. Gestochen werden möchte ich noch immer nicht. Obwohl mir ihre Stiche bislang immer sehr gut getan haben. Gleich drei erhielt ich ganz zu Beginn meiner Arbeit an diesem Buch, drei auf meinem Kopf. Meine übliches *Im-Kopf-Leben* wandelte sich später in ein fiebriges Körperempfinden, das ich als äußerst wohltuend wahrnahm. Hat eine Biene gestochen, verbreitet sie gleichzeitig einen Geruch, der ihre Mitschwestern zur Hilfe herbeiruft. Der Stock will beschützt sein. Deshalb hatte ich sehr schnell gelernt, dass es besser ist, einen Bienenstandort sofort zu verlassen, sobald der erste Stich erfolgt war. Es gab aber auch Tage, an denen mir die Bienen schon beim Ankommen ihr *Nichteinverstandensein* deutlich zu verstehen gaben. Näherte ich mich ihrem Standort nur auf wenige Schritte, umschwirrte mich eine Biene mit einem etwas nervig klingenden Gesumme, schien an mir zu kleben und erst von mir abzulassen, sobald ich mich vom Stock zu entfernen begann.

»Man braucht die Energie ja nur mal mit einem Rind zu vergleichen«, führt Monika weiter aus. »Die fügen sich mehr ein, sind schwer, trocken, hörig. Die Biene ist ganz anders. Leicht, von hoher Reinheit und viel eigenständiger. Sie dienen der Menschheit, der Erde und den Planeten. – Ich habe mal die Bienen mit dem Bild einer umgekehrten Sternschnuppe gesehen.« – »Und wie hast du das interpretiert?« frage ich sie. – »Dass sie sich in Licht auflösen«, antwortet Monika.

Es ist überraschend: Obwohl ich sehr müde zum Treffen gegangen bin und unser Gespräch von Tiefe und Intensität war, fühlt sich mein Kopf frei und leicht an, jede Anstrengung scheint von mir geflogen. »Eine Aussage der Bienen hatte mich sehr berührt«, sagt Monika beim Abschied: »Dass sie das, was sie tun, gerne tun. Ich empfinde das als eine Aufforderung für uns: Tu das, was du tust, gerne!«

*Ist die Blüte die Nahrung der Biene
- oder
verkörpert die Biene
die Genitalien der Blume?*

Die Bienenmeisterin
aus: *Der Weg des Bienenschamanen*, S. 99
von Simon Buxton, Quelle 15

Im Innern des Stocks

Die Biene soll viele Millionen Jahre alt sein und aus der Kreidezeit stammen.

Jungbiene auf dem *Weg ins Leben*

in der dunkelheit wird licht geboren

Markus Bärmann

»Eines Tages werde ich Bienen haben«, wird Markus später mit unerschütterlicher Klarheit seinen verängstigten Eltern verkünden. Gerade hatte der Siebenjährige seinen Finger aus einer mit Honig gefüllten Wabe herausgezogen, um berauscht vom Erlebten nun die Süße des Geschmacks auf seiner Zunge zergehen zu lassen. Für diese Erlaubnis ist der Anfang Fünfzigjährige Markus Bärmann dem Imker aus Kärnten noch heute dankbar. Ebenso wie seiner Tante Sophia. »Die hat mit mir immer über die christlichen Hierarchien gesprochen, über Engel und Cherubim, und hat mir aus der Bibel vorgelesen.«

Markus' Christentum ist zu einem Christentum jenseits der kirchlichen Institution geworden. Und die Bienen seiner Obhut bekommen das zu spüren. Hat Markus einen Schwarm gesichtet und bei Dämmerung in eine Kiste eingeschlagen, bringt er ihn für zwei Nächte in einen dunklen Keller, trägt ihn zu Grabe, wie er sagt. Das Wort *einschlagen* ist übrigens wörtlich zu nehmen: Hängt eine Bienentraube an einem Baum, schlägt der Imker einmal kräftig auf den Ast, und die Traube fällt schwer hinunter in den dafür bereitgestellten Auffangbehälter. »Christus hat nach seiner Kreuzigung zwei Nächte in der Gruft gelegen, bevor er auferstanden war«, erklärt Markus mir sein Handeln. »Es war ein Transformationsprozess. Ein Schwarm hat nicht nur seinen Stock verlassen, um nach einem neuen Zuhause zu suchen. Er durchläuft vor allem einen Wandlungsprozess an deren Ende die Geburt eines neuen Wesens mit eigener Individualität steht. Bei dieser Metamorphose möchte ich den Bienen helfen, indem ich ihnen äußerlich einen aus meiner Sicht geeigneten Rahmen schaffe, sie an einen dunklen Ort der Stille bringe.« Die alten Imker haben das aus Tradition schon immer so gemacht, erklärt mir Markus weiter, eine innerliche Verbindung habe er aber erst Jahre später herstellen können. – Auch im tibetischen Buddhismus finden wir den Brauch, die Körper für drei Tage und Nächte ungestört liegen zu lassen, damit die Seele von einem Seinszustand in den anderen reibungslos und unbeschadet hinübergehen kann. Die Transformation während des Sterbens wird in den meisten Religionen ähnlich beschrieben, als ein geheiligtes Geschehen, das atmosphärisch mit Ruhe, Stille und Harmonie begleitet werden sollte. – Öffnet Markus am dritten Tag bei Sonnenaufgang die Kiste, kann er erleben, wie sich die Bienen aneinanderhängend zusammengekuschelt haben und absolut ruhig und harmonisch miteinander sind, »ganz im Gegensatz zu einem Kunstschwarm, dem vom Imker aus verschiedenen Völkern zusammengefügten Volk, der irgendwo abgestellt wurde«, sagt er. »Dieser ist äußerst unruhig, hat etwas Zerfahrenes und Uneinheitliches.« Und nach einer Pause fügt er an: »Manchmal sehe ich Gesichter im Schwarm. Dann weiß ich, ob er sich gut fühlt oder der Fürsorge bedarf. Auch erkenne ich mittlerweile, ob ein Volk eine Königin hat oder nicht«, erzählt mir Markus nicht ohne Stolz. »Ich erkenne das an der Gestalt der Traube. Ein Volk ohne Königin formt sich konvex, also zu einem nach außen gewölbten Torbogen, während ein Volk mit Königin ihre Traube in Herzform gestaltet. Deshalb warte ich auch, bis ich ein Volk in einen Bienenkasten einschlage. Ist das Herz eines Volkes, also die Königin, abhandengekommen, baut es kein richtiges Wabenwerk mehr. Die einzelnen Bienen fliegen auch nicht zur Nahrungssuche und betteln sich bei anderen Völkern ein. Alles ist unorganisiert und zeigt deutlich die Bedeutung der Königin nicht nur als Gebärende.« – »Wie kann es passieren, dass ein Volk seine Königin verliert?« frage ich ihn. »Es kann sein, dass die Königin den Schwarmflug aus Altersgründen nicht mithalten konnte. Manchmal fange ich auch Schwärme ein, deren Herkunft ich nicht kenne. Es gibt heute noch Imker, die schneiden der Königin die Flügel kurz, um ihre Flugfähigkeit zu beeinträchtigen.«

Christus Tod und Auferstehung sind Ausdruck des ewigen Lebens, und Golgatha ist der Ort der Wandlung. »Auch ein Bienenvolk, der Bien, kann ewig leben«, erklärt mir Markus seine Analogien weiter. »Schwärmen, neu formieren, wachsen, schwärmen – dieser fortlaufende Prozess kann durch den Tod einer einzelnen Biene nicht gestört werden.« Für Markus ist es kein Zufall, dass die Biene als einziges Tier in der Osterliturgie erwähnt ist, selbst wenn er im Detail den Zusammenhängen noch nicht auf den Grund gekommen ist (Laacher Messbuch, 2006): *In dieser gesegneten Nacht, heiliger Vater, nimm an das Abendopfer unseres Lobes, nimm diese Kerze entgegen als unsere festliche Gabe! Aus dem köstlichen Wachs der Bienen bereitet, wird sie dir dargebracht von deiner heiligen Kirche durch die Hand ihrer Diener. So ist nun das Lob dieser kostbaren Kerze erklungen, die entzündet wurde am lodernden Feuer zum Ruhme des Höchsten. Wenn auch ihr Licht sich in der Runde verteilt hat, so verlor es doch nichts von der Kraft seines Glanzes. Denn die Flamme wird genährt vom schmelzenden Wachs, das der Fleiß der Bienen für diese Kerze bereitet hat. O wahrhaft selige Nacht, die Himmel und Erde versöhnt, die Gott und Menschen verbindet. ... Darum bitten wir dich, o Herr: Geweiht zum Ruhm deines Namens, leuchte die Kerze fort, um in dieser Nacht das Dunkel zu vertreiben. Nimm sie an als lieblich duftendes Opfer, vermähle ihr Licht mit den Lichtern am Himmel. Sie leuchte, bis der Morgenstern erscheint, jener wahre Morgenstern, der in Ewigkeit nicht untergeht: dein Sohn, unser Herr Jesus Christus, der von den Toten erstand, der den Menschen erstrahlt im österlichen Licht, der lebt und herrscht in Ewigkeit! Amen.*

Geheimes und okkultes Wissen wurde durch viele Jahrhunderte in einer verschlüsselten Sprache weitergereicht. Wäre es verwunderlich, wenn auch die Bibel in symbolischen Bildern und Gleichnissen spräche und wörtliches Übernehmen der Vergangenheit angehörte? *Warum zünden Eingeweihte, wenn sie eine magische Handlung vollziehen, oder Priester, wenn sie die Messe lesen, zumindest eine Kerze oder ein Nachtlicht an, damit das Licht gegenwärtig sei?* fragte der spirituelle Lehrer Omraam Mikhaël Aïvanhov seine Zuhörer in einer seiner Belehrungen (Omraam Mikhaël Aïvanhov, Alchimistische Arbeit und Vollkommenheit, S.125f, Quelle 16a): *Um die Flamme zu nähren, stellt die Kerze ihren Stoff zur Verfügung und wird dabei kleiner. Die Verbrennung ist also ein Opfer. Wenn es kein Opfer gäbe, gäbe es kein Licht. ... Wir repräsentieren auch eine Kerze. Wir haben alle möglichen brennbaren Stoffe. Diese trüben und toten Materialien sind unsere Mängel und Laster. Nur das Opferfeuer kann sie beleben und erhellen, und zwar unter der Bedingung, dass ein Funke kommt, um die Materie zu entflammen. Solange der Mensch ein gewöhnliches Leben führt, bleibt er leblos, schwarze Materie wie ein toter Baum. Erst wenn er vom Feuer des Geistes besucht wurde, wird er erleuchtet, schön, lebendig, warmherzig. Nur muss er dafür sein egoistisches Leben opfern. ... Das Wünschenswerteste wäre, vom heiligen Feuer der göttlichen Liebe entflammt zu sein,*

denn in diesem Entflammen findet ihr das Geheimnis des Lebens. Gebührt der fleißigen Biene eventuell deshalb eine so exponierte Stellung aus christlicher Sicht, weil Opfer und alchimistische Umwandlung zentrale Themen ihres Daseins ausmachen?

Blättere ich weiter in mythologischen Seiten, kann ich lesen, dass die Biene als Symbol Christi, Träger des Lichts und Botin Gottes genannt ist. – Und auch einer der drei höchsten Gottheiten im Hinduismus, der indische Gott Vishnu, der als der Bewahrer der Welt angesehen wird, ist in einer seiner Inkarnationen als blaue Biene auf einer Lotusblüte dargestellt (Lotus, ein Symbol für Reinheit) und Shiva, der im Hinduismus als Gott der Gegensätze, als Zerstörer aber auch Erneuerer und Schöpfer der Welt gilt, als Biene über dem Yoni-Dreieck (das Yoni-Dreieck gilt als ein Symbol für das weibliche Prinzip; Abbildungen Quelle 16b) – Um das Jahr 3000 v. Chr. taucht die Biene im Thronnamen der Pharaonen in Ägypten auf und war somit als Teil der Königshieroglyphe das wichtigste Schriftzeichen. Der traditionell gebräuchliche Ausdruck für eine Stockbiene ist *Imme*, der auch im Wort *Himmel* enthalten ist. Und der Bien entspricht dem französischen Wort *bien*, heißt übersetzt *gut*. »An den Bienen ist einfach alles gut«, rühmt Markus die Insekten hoch. »Ihr selbstloses Dasein ist rundum vorbildlich. Und ihre heilenden Gaben erinnern mich an Jesus Christus, unseren Heiland«, schließt er an.

Der Pollen hat hohe therapeutische Wirkungen und enthält viele Vitalstoffe, Enzyme und Eiweiße. Blütenstaub besteht aus den männlichen Keimzellen der Pflanze und dient als wichtiges Nahrungsmittel der Bienen. Hat sich die Biene im Sonnenstaub der Blüte gewälzt, kämmt sie den Pollen, der an ihren Haaren hängt, in ihre Pollenhöschen für einen sicheren Heimflug zum Stock und legt ihn zur weiteren Verarbeitung in den Zellen ab. Fermentiert wird er auch *Bienenbrot* genannt. Pollen beeinflusst den Bau der Waben aus Wachs, die Legetätigkeit der Königin und von daher auch die Honigernte.

Propolis weist keim- und pilztötende, wundheilungsfördernde und schmerzstillende Eigenschaften auf. Wegen seiner antibakteriellen Wirkung setzt man das hochwertige Naturprodukt in der Hautheilkunde ein. Im alten Ägypten wurde es zum Einbalsamieren der Toten verwendet. – Die Sammelbienen ernten Harz aus den Knospen bestimmter Bäume wie Pappeln, Kirschen oder Kastanien und vermischen es mit körpereigenen Stoffen aus ihren Kopfdrüsen. Mit Propolis verkitten sie Spalten und Zwischenräume im Stock, zum Beispiel, wenn sie diesen winterfest machen wollen, und schützen ihn vor Krankheitserregern, weshalb das aus dem Griechischen stammende Wort auch mit *Wächter vor der Stadt* übersetzt werden kann.

*Honig ist das Wort Christi,
das geschmolzene Gold seiner Liebe.
Das Jenseits des Nektars,
die Mumie des Paradieslichtes.*

Federico Garcia Lorca
†1936, Spanien, Dichter
Das Lied des Honigs (Auszug), Quelle 17

Gelee Royale wird stärkende Wirkung des Stoffwechsels zugeschrieben. Die Bienen, die als Ammen fungieren, scheiden die weißliche flüssige Substanz ebenfalls aus ihren Kopfdrüsen aus und verfüttern sie allen Larven während der ersten drei Lebenstage. Ab dem vierten Tag bekommen das königliche Futter Gelee Royale nur noch die Larven in den Zellen der derzeitigen Königin und zukünftigen Königinnen. Die Bienenmilch ist eine Kraftnahrung, die das Gewicht einer Larve innerhalb von drei Tagen vertausendfacht und das einer Königinnenlarve in fünf Tagen verzweitausendfacht.

Honig ist ein Konzentrat an Energie. Die Fermente wirken günstig bei bakteriellen Halsentzündungen, unreiner Haut oder Hautwunden. Honig kann einen nervösen Magen beruhigen oder bei Einschlafstörungen helfen. Er enthält Stoffe, die zur Kräftigung und Erholung des Herzens beitragen und dem gesamten Ernährungshaushalt zugutekommen. – Hat die Biene mit ihrem Rüssel den Nektar der Blüten und den Honigtau der Nadel- und Laubbäume aufgesaugt, pumpt sie die Säfte in ihren Honigmagen und bringt die süße Fracht nach Hause. Meist steht nur den alten, an ihrem Lebensende stehenden Bienen, diese Aufgabe im Licht der Sonne zu. Verkünden allerdings Kundschafterbienen dem Volk eine besonders reichhaltige Tracht, so werden zu dieser Aufgabe spontan ebenfalls andere Bienen herangezogen. Auch hierin zeigt sich die große Flexibilität eines Bienenvolkes. Und in der Dunkelheit ihrer Behausung wandeln die jüngeren die zusammengetragenen Substanzen um. Sie entziehen den Rohstoffen durch Fächeln mit den Flügeln überschüssiges Wasser und geben mit ihren Speichelabsonderungen körpereigene Stoffe hinzu. Dieser Umarbeitungsprozess der Substanzen erfolgt gemeinschaftlich von Bienenmagen zu Bienenmagen.

Die Fähigkeit der Biene aus sich heraus Honig zu machen, galt in allen Hochkulturen der Antike als etwas Göttliches. Im alten Ägypten glaubte man, die Bienen entsprängen aus den Tränen des Gottes *Ra,* und man fügte Pharaonengräbern Honig bei. In der nordisch-germanischen Mythologie führte man die Unsterblichkeit und Weisheit des höchsten Gottes *Odin* auf den Honig zurück. *Pythagoras* soll sich sein Leben lang weitestgehend nur von Honig ernährt haben, worauf man sein hohes Alter von 90 Jahren zurückführt. *Vergil* nannte Honig das himmlische Geschenk des Taus, wobei Tau als Symbol der Initiation galt. In der Bibel lesen wir von einem Land, *darin Milch und Honig fließt.* Bei den Indianern spielt Honig eine große Rolle bei den Initiations- und Reinigungsriten. Im Koran, in der *Sure an-Nahl* (Biene), heißt es (Quelle 18): *Aus ihren Leibern kommt ein Getränk von unterschiedlichen Farben, in dem Heilung für die Menschen ist. Darin ist wahrlich ein Zeichen für Leute, die nachdenken.* Und in der modernen Psychoanalyse symbolisiert Honig das Über-Ich als letzte Stufe der Arbeit an sich selbst und als Wandlung der Seele und Vollendung des menschlichen Wesens. – Honig ist ein reines Naturprodukt ohne Zusatzstoffe und kann lange aufgehoben werden, ohne sein Aroma zu verlieren. Nach dem bulgarischen spirituellen Lehrer Omraam Mikhaël Aïvanhov *(Das Geistige Erwachen,* Bd. 1, Quelle 19) sondert der Stachel *eine besondere Flüssigkeit ab, den die Bienen dem Honig beimischen, um ihn haltbar zu machen. Fehlt dem Honig diese Substanz, so ist er ungenießbar.* – Vor allem aber wissen (fast) alle: Honig ist köstlich ... und der Bienen Lebensnahrung. Alle für ihr Leben notwendigen feinstofflichen Substanzen produzieren die Honigbienen aus sich heraus. Das macht sie nicht nur zu einem durchweg autarken, sondern auch einzigartigen Wesen. Müdigkeit scheinen sie bei der Verrichtung ihrer Arbeiten nicht zu kennen. Bienen schlafen zu keiner Zeit. Ich habe mal gehört, dass Schlaf eigentlich nichts anderes als Widerstand sei. Vielleicht drückt sich auch in dieser Fähigkeit ihre bedingungslose Hingabe an ihr Dasein aus?! *Weshalb können die Menschen nicht dasselbe tun wie ... die Bienen z. B.?* fragte Omraam Mikhaël Aïvanhov (Die Atmung, S. 37f, Quelle 19a). *Die von ihnen angesammelte Nahrung, den Nektar aus den Blüten, wandeln sie in Honig um. Sind die Menschen einer solchen Leistung fähig? Nein, niemals, wegen ihrer Grausamkeit, ihrer Boshaftigkeit, ihrer Ungerechtigkeit. Werden sie eines Tages wie die Bienen, setzen sie sich einmal in aller Lauterkeit für eine brüderliche Idee ein, dann wird es auch ihnen möglich, all das, was sie aufgenommen haben, als so etwas herrlich Duftendes wie den Honig wieder von sich zu geben. Das habe ich selber festgestellt; ich habe es in dem großen Buch der lebendigen Natur, aus den Zielrichtungen der kosmischen Intelligenz entschlüsselt. Es steht geschrieben, so wird es einmal sein.*

»Bei den Bienen kann ein jeder erfahren, worum es bei uns Menschen geht«, sagt Markus, der Master of Hives. »Ihr Geheimnis liegt nicht im Verborgenen. Aufmerksames Beobachten kann helfen zu verstehen.« – Markus ist gewohnt, achtzugeben. Er hat von frühester Kindheit geübt als Wald und Natur seine liebsten Spielplätze waren. Sein erstes Herbarium legte er in der Grundschule an, studierte später Forstwirtschaft an einer Berufsfachschule in Wien. Ende zwanzig zieht es den in einer Familie von Jägern aufgewachsenen Markus in den Himalaja nach Nepal zu den Honigjägern. »Die in der freien Natur gebauten Waben waren riesengroß, wie Scheiben. Sie erinnerten mich an die Sonne. Das Erlebnis hatte mein Herz zutiefst bewegt und prägte meinen Entschluss, Bienen halten zu wollen«, sagt der sinnliche junge Mann. – »Wenn ich Bienen summen höre, dann wirkt das auf meinen Solarplexus.« Der Solarplexus, auch das Sonnengeflecht genannt, ist ein Energiezentrum, ein Chakra. Es heißt, der Mensch habe sieben primäre. Dieses liegt zwischen Magen- und Wirbelsäule, oberhalb des Bauchnabels und wird mit dem vegetativen Nervensystem in Verbindung gebracht, das laut den Yoga-Lehren der Lebensenergiespeicher ist.

Auf der Suche nach eigenen Bienen meldet sich Markus auf eine Kleinanzeige. Drei Völker werden von der Tochter eines im Sterben liegenden Imkers angeboten, aber man sei sich nicht sicher, ob man wirklich verkaufen wolle, dem Vater gehe es momentan besser und man wolle sich gegebenenfalls melden. Wenige Wochen später träumt Markus von einem Kapuzenmann, der vor einem Bienenhaus herumschwebt und sich vor den Bienenvölkern verneigt. »Verängstigt ging ich ums Bienenhaus herum und treffe auf einen Inka Indianer, der ganz bunt behangen war. Als ich ihn anschaue, nickt er mir zu, gibt mir den Weg frei in das Bienenhaus«, erzählt er mir weiter. »Als ich am Morgen aufwache, rappelt das Telefon. Ich solle die Bienen holen kommen, hieß es. Der Vater läge im Koma. Gerne hatte ich geantwortet, ich möchte aber dem Bienenvater persönlich sagen, dass ich seine Bienen mitnehmen werde.« Es heißt, Bienen haben eine sehr enge Verbindung zu ihrem Bienenvater. Sie führe nicht selten dazu, dass sie ihm in den Tod folgen. »Als ich den alten Imker liegen sehe«, sagt Markus weiter, »lege ich meine Hand in seine und sage ihm, dass ich seine Bienenvölker mitnehmen und darauf aufpassen werde, und da macht er für einen kurzen Moment die Augen auf. Die Tochter war geschockt, weil er sich seit Monaten nicht gerührt hatte. – Das Bienenhaus war genau das aus dem Traum. Und an der Stelle, wo der Indianer stand, fand ich einen vermoosten Kristall.«

Die Pacht für ein Bienenhaus bezahlen Imker gern mit Honig. Auch das hat Tradition. Und nicht wenige meiner Gesprächspartner hatten mir gestanden, dass sie in den ersten Jahren ihrer Imkerei Honig dazukaufen mussten, um dieser Verpflichtung nachkommen zu können – Markus glaubt nicht, dass in einer professionell betriebenen Imkerei die Bienen gleichzeitig ihrem Wesen gemäß betreut werden können. Dies sei ein Widerspruch in sich. Und so lässt er den Völkern das Schwärmen, tauscht die vom Volk selbst auserwählte Königin nicht durch eine Zuchtkönigin aus und überwintert sie auf ihrem eigenen Honig, ergänzt Futter nur dann, wenn das Volk selbst nicht genug Nahrung zusammentragen konnte. So kann es sein, dass Markus während eines Bienenjahres einem Volk keinerlei Honig entnommen hat. – Für den heutigen Koch sind die Insekten vor allem Ratgeber und Wegbegleiter in allen Lebenslagen. »Als es in meiner Ehe nicht lief, scheute ich mich vor einer Trennung. Ich klammerte. Wenn man drei Kinder hat, muss es doch gehen, dachte ich. Schließlich hab ich die Bienen um Rat gefragt und ein klares *geh* vernommen. – Je mehr ich auf die Bienen vertraue, desto besser verläuft mein Leben. Mit Blick zurück weiß ich, es war eine richtige Entscheidung.« Markus meditiert und kommuniziert mit den Bienen regelmäßig. »Vor einigen Jahren ruft mich der Besitzer eines mir bekannten Bauernhofes an. Ein Bienenschwarm ist an einem seiner Stände ausgezogen, ich möge ihn holen kommen. ›Da fliegt gerade ihr 350-Mark-Kapital davon‹, sagt mir der monetär orientierte Mann, als ich den Stand erreiche. Unbeirrt davon rufe ich den davonfliegenden Bienen nach: ›Bien, flieg nach Hause!‹ Ich wollte, dass er in der Nähe beim Hof bleibt. Dann muss ich sie nicht so weit tragen. Der Besitzer lacht mich nur aus. Wenig später ruft er mich zu Hause an: ›Herr Bärmann, sie werden es nicht glauben, der Schwarm ist in die Weide direkt zu meinem Hof geflogen.‹ – Ein anderes Mal stehe ich auf der Baustelle meines zukünftigen Hauses. Da umkreist mich eine Biene. Ich fühlte mich von ihr gerufen. Also fahre ich zu meinem vier bis fünf Kilometer entfernten Bienenstand. Gerade angekommen sehe ich, wie der Schwarm aus der Kiste fliegt. Dort, wo er hingeflogen ist, hätte ich ihn nie finden können. Die Bienen hatten mich darauf aufmerksam machen wollen«, schildert er mir zutiefst überzeugt.

Auch im Kloster Ossiach in Österreich hat man die Bienen als Überbringer von hilfreichen Nachrichten erlebt und schreibt es als *Bienenwunder von Ossiach* in die lokalen Annalen ein: Im 17. Jahrhundert finden die Mönche ihr ausgeschwärmtes Bienenvolk in einer hohlen Buche des nahegelegenen Waldes wieder und mit ihm eine Kassette voll Gold. Es war jene Kassette, die etwa 200 Jahre zuvor die klösterlichen Mitbrüder auf ihrer Flucht vor den Türken in genau jenem Baum versteckt hatten. (Quelle 20) Und *Bischof Ambrosius* sollen die Bienen seine honigsüße Sprache eingeflößt haben. Als der um das Jahr 339 in Trier Geborene allein in seiner Wiege im Garten seiner Eltern liegt, kommt von der Ferne ein Bienenschwarm dahergeflogen. Sie umkreisen seinen Kopf, heißt die Legende, setzen sich auf sein Gesicht und träufeln Honig in den Mund. Als die Eltern den Schwarm mit Schrecken bemerken und zu Hilfe eilen wollen, um ihn zu vertreiben, fliegt er auch schon davon – ohne Ambrosius auch nur ein einziges Mal gestochen zu haben. *Aus diesem Jungen wird einmal etwas ganz Besondere*s, habe der Vater gesagt. Und in der Tat: *Ambrosius* wurde heiliggesprochen. Er soll ein begnadeter Redner gewesen sein und gilt als Begründer des kirchlichen Gemeindegesangs. Er hatte die Kirche mit einem Bienenkorb verglichen und ist heute Schutzpatron der Imker und Bienen.

»Die Bienen sind absolut rein und haben ein sehr hohes Bewusstsein«, empfindet Markus Bärmann, »eine Reinheit, die ich nicht aushalten kann.« – »Eine Reinheit, die du nicht aushalten kannst?« frage ich. »Wie meinst du das, Markus?« – »Manchmal des Morgens, kurz vor dem Aufwachen, fühle ich mich in Tiere hinein. Das geht einfach bei mir, ich kann es steuern. Eines Morgens versuchte ich, in ein Bienenvolk zu gehen. Dabei empfand ich ein wahnsinniges Vibrieren, eine unglaubliche Kraft. Ich fühlte mich ohne Zentrum, als würde ich in tausend kleine Stückchen zerfallen. Als Adler bin ich drin, kann fliegen, als Maus sause ich am Boden rum, aber bei den Bienen war das nicht möglich. Nach drei bis vier Versuchen ließ ich es sein. Ich muss noch reiner werden.«

Wir stehen in seinem kleinen Vorgarten inmitten eines bunten Blumenmeers. »Es wird Herbst«, sagt er ganz nebenbei, und das im Juli.

Leben im Stock

88

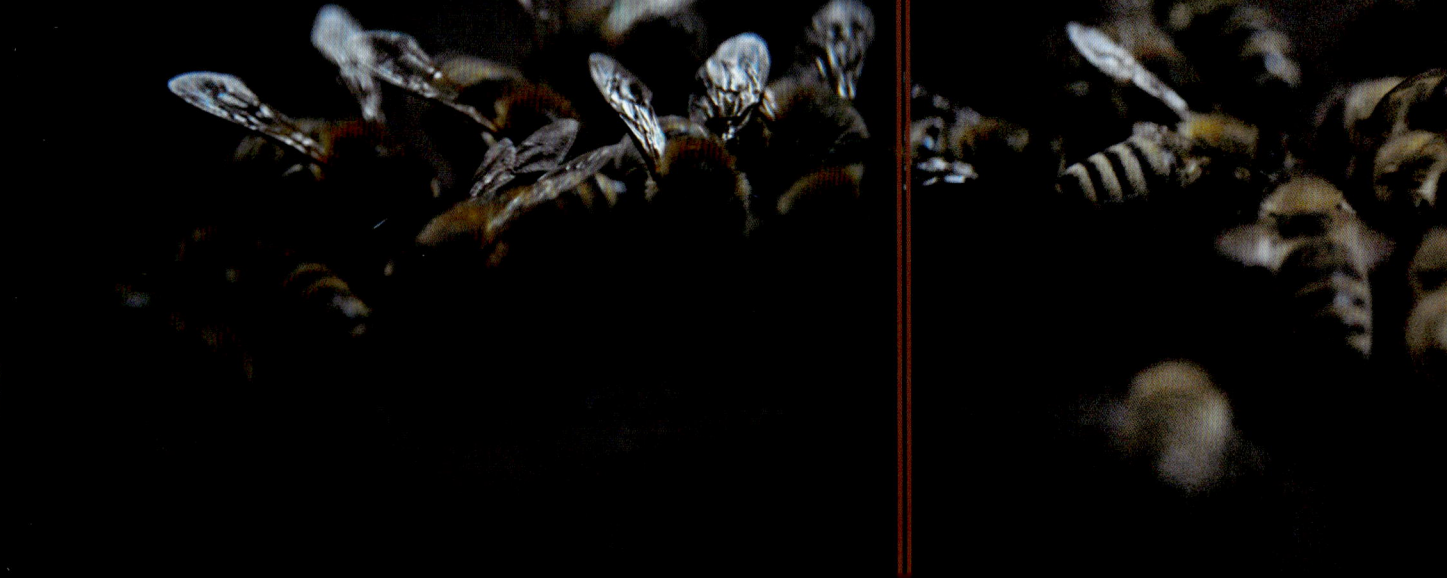

*So gilt es,
alles Hiesige
nicht nur nicht schlechtzumachen
und herabzusetzen,
sondern gerade,
um seiner Vorläufigkeit willen,
die es mit uns teilt,
sollen diese Erscheinungen und Dinge
von uns
in einem innigsten Verstande
begriffen und verwandelt werden.*

Verwandelt?

*Ja, denn unsere Aufgabe ist es,
diese vorläufige, hinfällige Erde
uns so tief,
so leidend
und leidenschaftlich einzuprägen,
dass ihr Wesen in uns
»unsichtbar« wieder aufersteht.*

Wir sind die Bienen des Unsichtbaren.

Rainer Maria Rilke
†1926 Schweiz, Lyriker
Auszug aus: *Briefe aus Muzot,* Quelle 21

»Wenn ich Bienen summen höre, dann wirkt das auf meinen Solarplexus«, Markus Bärmann, S. 85

*Wie du sollst dem Ganzen dienen
das lehren dich die Bienen.*

Imkerspruch
aus: Biene-Mensch-Natur, Quelle 22

mit herz und Verstand
jenseits der kontrolle

Norbert Poeplau

»Die Biene, Botschafterin Gottes?« wiederholt Norbert Poeplau. »So einen markanten Satz würde ich von mir aus nicht äußern. Ich finde mich nicht kompetent genug!«

Der studierte Wasserbauingenieur entdeckte sein Interesse an den Bienen über die rein phänomenologisch-biologischen Aspekte. Der Wissensdrang führte den Techniker zur Teilnahme an einem Kurs bei den Heideimkern. Das war vor 35 Jahren. »Als ich das erste Mal erleben durfte, wie ein Bienenvolk am Ausschwärmen ist, löste das in mir absolute Unsicherheit aus. Es wurde mir klar, da spielt sich wirklich was ganz Großes ab, von dem ich keine Ahnung habe. Etwas, das ich nicht kontrollieren kann.« Damit war das Thema der Bienen erst einmal aus seinem Kopf ... bis es viele Jahre später durch die Nase zurückwehen sollte: »Beim Öffnen eines Bienenkastens nehme ich einen unvergleichlichen Duft wahr. Mir war auf Anhieb klar: Alles, was da drinnen ist, muss gut sein.« Das war der innerliche Anstoß für Norbert, sich den Bienen zu widmen. Äußerlich hatte ihn das Leben schon längst dorthin geführt. Als Lehrer an einer Waldorfschule war er seit einigen Jahren geprägt von den Gedanken des Anthroposophen Rudolf Steiner. Und so war er der Anregung des dortigen Gartenbaulehrers gefolgt und half gemeinsam mit einem erfahrenen Imker eine Bienen-AG für Kinder aufzubauen. »Da gibt es so einiges bei Rudolf Steiner in seinem Buch *Die Welt der Bienen*, das ist mir Anregung und Unverständnis zugleich«, hatte mir der Pädagoge bei unserem ersten Treffen gestanden. »Gültigkeit hat für mich vor allem das, was ich selbst erfahre.«

Es ist Frühjahr. Die Zeit der Vermehrung. Wie überall in der Natur. Hat ein Volk eine Stärke um die 60.000 Bienen erreicht, ist es Zeit, auszuschwärmen. Im Stock ist es eng geworden. Das Volk möchte sich teilen. Es möchte ein neues bilden. Die älteren Honigbienen verlassen die Heimstatt gemeinsam mit ihrer Königin auf der

Am Flugloch des Bienenstocks.

Suche nach einem neuen Quartier. Mit ihrer Eiablage hat die alte Königin im Vorhinein im Stock dafür Sorge getragen, dass sich die jüngeren Zurückbleibenden eine neue Nachwuchskönigin heranziehen können. »Ich erinnere mich noch sehr deutlich, wie ich das erste Mal diesen Moment des Ausschwärmens erlebte«, blickt Norbert zurück. »Ich stand inmitten einer großen schwarzen Wolke von Tausenden Bienen. Form- und richtungslos flogen sie kreuz und quer, breiteten sich weiträumig aus. Begleitet von unkoordiniertem Gesumme, einem ganz eigentümlichen Klang, erlebte ich ein nur wenige Minuten dauerndes Spektakel, bis sich die Bienen nach nur kurzer Zeit wieder sammelten, um sich als konzentrierte Traube aneinanderzuhängen. Ich hatte die Geburt eines neuen Volkes erlebt, eine Geburt aus dem Chaos«, sagt Norbert, noch heute ergriffen von diesem Erlebnis, »bewusst war mir das allerdings in dem Moment nicht.«

Im Stock ist das Volk etwas Einheitliches. Sobald die Bienen den Stock verlassen, sind sie formlos. In diesem fließenden Prozess sind die schwärmenden Bienen für einen Moment ohne Individualität. Erst das Sammeln in der Traube fügt sie als neue Einheit zusammen«, erklärt er mir. – »Wäre es dann nicht von entscheidender Bedeutung für das Wesen der Bienen, dass man ihnen das Schwärmen lässt?« frage ich mit Bezug darauf, dass viele Imker das Schwärmen verhindern, um nicht Gefahr zu laufen, ein Volk zu verlieren und damit den gewinnbringenden Honig. Wer weiß schließlich schon, wohin es einen Schwarm ziehen wird?! »Als Imker setzt der Egoismus ein«, antwortet Norbert. »Ich lasse sie dann doch nicht fliegen. Sonst kann ich keine professionelle Imkerei betreiben. An der Stelle schaue ich, dass es für mich nicht so arbeitsaufwendig wird.«

Norbert Poeplaus Konflikt zwischen Herz und Verstand kennen wir alle, denke ich. Eine gänzlich selbstlose Hingabe an das Geschehen fällt schwer. Die Wanderung auf dem schmalen Grad will gelernt sein. Sie erfordert Bewusstsein, ein Bewusstsein über uns selber, unsere Umgebung und über jene, deren Fürsorge wir mit Verantwortung übernommen haben. Dieser Wachstumsprozess hat mit Arbeit und Lernen zu tun. Es ist ein lohnenswerter Weg, heißt es, zu dem sich jeder aufmachen kann, wenn er nur will. Und Norbert ist einer von ihnen: »Ich war anfangs vor allem mit rein imkerlichen Fragestellungen beschäftigt. Mein Gespür für die Bienen konnte ich erst entwickeln, nachdem ich eine gewisse fachliche Souveränität erlangt hatte. Die Frage nach dem Weisheitsvollen, Darüberstehenden tauchte dabei schnell auf. Ich möchte das an einem Beispiel aufzeigen: Die Pflanzen möchten sich vermehren. Um sich zu vermehren, müssen sie bestäubt werden. Damit der von den Staubbeuteln (männlicher Teil) erzeugte Pollen auf die Narbe, also den weiblichen Teil einer anderen Blüte, gelangen kann, locken sie die Bienen mit ihrem Nektar an. Diese fliegen auf eine Blüte, nehmen dabei Pollen an ihren Beinen mit und setzen ihn auf die weiblichen Narben anderer Blüten wieder ab. Diese Bestäubung erfolgt hauptsächlich durch die Bienen. – Erst wenn die Befruchtung stattgefunden hat, kann das Leben der Pflanze – die eigentliche Frucht – wachsen.«

Pflanzen können die verschiedensten Signale aussenden, um Insekten anzulocken. Wolf-Dieter Storl, einer der für mich wahrhaft Wissenden in der göttlichen Welt der

Pflanzenkunde, äußert sich über diese Begegnungen in seinem Buch *Pflanzendevas* (S. 61f, Quelle 23): *Wiederum andere Pflanzen gehen zwecks Fortpflanzung mit den Tieren, vor allem den Insekten, regelrechte Sexualgemeinschaften ein. Sie locken Bienen, Schmetterlinge und Hummeln mit Duft, Farbe und Nektar und lassen sich dabei bestäuben. ... Orchideen, die fortgeschrittensten der Einkeimblättrigen, entwickeln in der Partnersuche erstaunliche Raffinesse. Einige Orchisarten erzeugen Sexualstoffe und gestalten ihre Kelche zu perfekten Nachbildungen weiblicher Insektenleiber, so dass männliche Käfer oder Wespen in der Hoffnung auf Befriedigung angelockt werden. ... Die Kübelorchidee verströmt einen Duft, den Bienen mögen. Das nichtsahnende Tierchen fällt in den Kübel hinein, wobei es sich am Saft berauscht und herumtorkelt. Sofort schaltet die Pflanze ihre Duftproduktion ab. Nach einer halben Stunde ist die Biene wieder nüchtern und kriecht durch einen Schlitz hinaus, wobei ihr Rücken mit Blütenstaub bedeckt wird.* – Pflanzen, so meinen die Inder, schreibt Dr. Storl an anderer Stelle (S.17/18, s.o.), *sind eigentlich Meditanten im tiefen »Samadhi« in vollkommener Ekstase. Unbewegt, ganz dem Himmel hingegeben, meditieren sie den schöpferischen Urton – das Om – den die Sonne ohne Unterlass hervorbringt und herabstrahlt. Pflanzen vermitteln uns das in Licht gehüllte Urmantra des Universums und schenken uns somit das Leben. Nur sie vermögen auf diese Weise, das Jenseits mit dem Diesseits zu verbinden. .... Dieses Feuer, diese Liebesstrahlung des Himmels, wird mittels der Alchemie des Blattgrüns in das diesseitige Leben umgewandelt. Wenn Tiere ihren Hunger an den Blättern, Stengeln, Samen oder Knollen stillen, dann werden – in einer weiteren alchemistischen Verwandlungsstufe – die kosmischen Licht- und Wärmequanten in Gefühle (innere Wärme) und in Bewusstseinsregungen (inneres Licht) umgewandelt.*

Das ist also die magische Schnittstelle, an der die Bienen agieren. »Das heißt, die Biene ist eine Schlüsselfigur, sie sitzt an einer Nahtstelle. Würde sie nicht bestäuben, würde vieles fehlen, in unserer Nahrung ebenso wie in der von vielen Tieren«, sagt Norbert. Gibt es keine Bestäubung, gibt es keine Äpfel, Birnen, Pflaumen, Melonen, Paprika oder Himbeeren ... . Etwa ein Drittel der menschlichen Nahrung hängt direkt oder indirekt von der Biene ab! Die Biene gilt in Europa als drittwichtigstes Haustier nach Rind und Schwein. »Dabei erfüllt die Biene ihre Aufgabe der Befruchtung so, dass die Pflanze keinen Schaden erleidet«, sagt Norbert weiter. »Da ist ein ganz zartes und feines Miteinander, das da stattfindet und in dem es um das Fortsetzen des Lebens geht. Und da tippe ich schon an das Religiöse an. Ich empfinde da viel ehrfürchtiges Miteinander. Ich habe mal in dem Kinofilm »7 Jahre in Tibet« gesehen, wie der Bau eines Kinos unterbrochen wurde, damit die Mönche alle Regenwürmer aus der Erde nehmen konnten. Das drückt für mich dieses feine Empfinden aus, miteinander

> *Wie eine Biene*
> *den Nektar einer Blume aufnimmt,*
> *ohne deren Blüte, Farbe*
> *und Duft zu beeinträchtigen,*
> *und dann weiter fliegt,*
> *so geht ein weiser Mensch*
> *durch die Welt.*
>
> Buddha
> der Erleuchtete
> aus: 'Pfad der Natürlichen Wahrheit'
> Dhammapada
> Quelle 24

leben, ohne sich gegenseitig zu beeinträchtigen. Tiefer wollte ich das öffentlich nicht formulieren wollen.

Die vielfältigen Aufgaben in einem Volk müssen koordiniert sein, es muss etwas geben, das über dem Bienengewusel zu finden ist, also über dem Ganzen steht. Diesem Darüber auf die Spur zu kommen, ist für mich sehr wichtig«, führt Norbert weiter aus. »Bleiben wir beispielsweise einmal beim Schwarm. Hat dieser das alte Bienenhaus verlassen und sich an einen neuen Ort als Traube wieder zusammengefunden, meist ist das ja ein Baum, geht es für dieses Volk nun darum, eine neue Heimstatt zu finden. Jetzt gibt es Spurbienen, die fliegen in alle Himmelsrichtungen aus und suchen nach

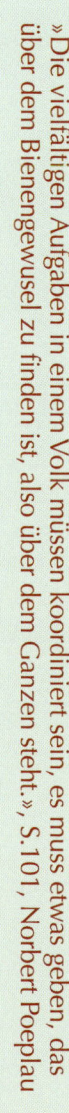

»Die vielfältigen Aufgaben in einem Volk müssen koordiniert sein, es muss etwas geben, das über dem Bienengewusel zu finden ist, also über dem Ganzen steht.«, S. 101, Norbert Poeplau

einem geeigneten neuen Wohnort. Dann kehren sie zur Traube zurück, und was jetzt passiert, kann man als urdemokratischen Prozess ansehen: In einem regen Austausch berichten die einzelnen Spurteams, wo sie gute Plätze für ein neues Zuhause gefunden haben. Dann fliegen erneut Späherbienen aus, um die Orte der engeren Auswahl noch einmal zu prüfen. Dieser Prozess dauert so lange, bis die geeignetste Behausung gefunden wurde. Es ist eine Gemeinschaftsentscheidung einer verhältnismäßig kleinen Gruppe, denen das gesamte Volk volles Vertrauen entgegenbringt.«

Die Bienen haben ein äußerst intelligentes und hochsensorisches Verständigungssystem, zu dessen Entschlüsselung Mitte des 20. Jahrhunderts erheblich der Nobelpreisträger Karl von Frisch beitrug. Hat eine Biene eine neue Heimstatt gefunden, tanzt sie ihren Familienmitgliedern den sogenannten Schwänzeltanz vor. Sie läuft einmal im Bogen links herum, schwänzelt mit dem Hinterteil auf der Geraden entlang, um anschließend durch Ablaufen des rechten Bogens die Form eines zweiten imaginären Kreises zu schließen. Diese Lauf-Prozedur wiederholt sie mehrere Male im Gefolge ihrer Mitschwestern, die über Form und Geruch dabei alle notwendigen Informationen aufnehmen. Der Schwänzeltanz dient nicht nur zum Auffinden und Auswählen geeigneter Niststellen, sondern ebenfalls zur exakten Lokalisierung reichhaltiger Nahrungsquellen, wobei der Stand der Sonne als Orientierung fungiert. Je länger der Tanz, desto ergiebiger die Futterstelle, wobei nahegelegene Futterstellen durch den kürzeren Rundtanz übermittelt werden. »Herausgefunden hat man das alles wissenschaftlich über das Markieren der Bienen«, sagt Norbert. »Auch wurde dabei festgestellt, dass die Schwärme von allen zur Verfügung stehenden Orten in ihrer Umgebung meist den für sie optimalsten auswählen. Andere Tiere entscheiden aus sich heraus, beim Bienenwesen ist es etwas Prozesshaftes und Gemeinsames, das aus dem Erleben oder Wahrnehmen des Einzelwesens entsteht. Diesem Einzelwesen, also einer einzelnen Biene, würde ich grundsätzlich eine bestaunenswerte und vorbildliche Selbstlosigkeit zuschreiben, das zeigt sich z. B. in der Selbstverständlichkeit, sich dem Ganzen unterzuordnen. Gerade daraus entsteht die wahre Größe des Ganzen.«

Würden wir den Schwänzeltanz auf einem Blatt Papier nachzeichnen, erschlöße sich uns das Zeichen der Lemniskate, das Symbol der Unendlichkeit (∞). »Es ist auch das Symbol des Zwillings, des Dunklen und des Hellen und der fruchtbaren Vereinigung von beiden. Die Lemniskate bezeichnet die sexuelle Vereinigung zwischen männlich und weiblich, den zweien, die zu einem werden. Sie zeigt auch den Weg an, dem zu folgen sich die innere Energie des Körpers veranlasst sehen mag, um den Flug der Biene einzuleiten, den Tanz der Schlange und in Frauen den Fluss der Nektarströme, die sie mit einer anderen Person oder einem Objekt verbinden – einem Stern oder einem Planeten zum Beispiel. Es ist der Kreislauf der Kraft. Es ist auch das Symbol für die Verbindung zweier Kulturen – die der Menschen und die der Bienen – und für die symbiotische Beziehung, die zwischen ihnen bestehen kann. Beachte, dass keiner dieser Kreise höher steht als der andere, was auf Gleichheit innerhalb der Beziehung weist und zu tiefreichenden Erkenntnissen über das Wesen des Unendlichen führt.« (Die Bienenmeisterin, aus: Simon Buxton, Der Weg des Bienenschamanen, S. 79f, Quelle 15)

Für den Ingenieur Norbert Poeplau ist ganz klar: »Die Bienen haben Bewusstsein. Wenn es für eine Biene zum Beispiel an der Zeit ist, aus dieser Welt zu gehen, dann wird sie immer bemüht sein, alleine außerhalb des Bienenstockes zu sterben. Für den Biologen hat das hygienische Aspekte. Wenn man mal diese Aspekte in die Tiefe verfolgt, dann erinnert es doch an die Eskimos oder Indianer, die auch ausziehen, ihren Clan verlassen, um sich alleine dem Sterben hinzugeben. Da steckt viel Weisheitsvolles drin, finde ich. Selbst imkerliche Fehlgriffe sind die Bienen in der Lage, auszugleichen. Nehme ich einem Volk die Königin weg, das Herzstück des Bien, wird es trotzdem nicht zusammenbrechen. Wohl findet eine gewisse Beeinträchtigung für einen gewissen Zeitraum statt, dann geht es aber linear weiter. Eine neue Königin wird herangezogen. Das Maß an Flexibilität der Bienen ist sehr hoch. Sie haben gelernt, mit Widrigkeiten des Lebens aus sich heraus fertigzuwerden. Und vielleicht liegt es daran, dass sie seit ungefähr 55 Millionen Jahren überlebt haben. Andere Tiere sind zwischenzeitig ausgestorben. Die Bienen nicht. Als Zeichen ihrer sehr hohen Flexibilität zählt für mich auch, dass der Bien bewusst im ständigen Wechsel der Polaritäten lebt: tagsüber Ausdehnung, nachts Konzentration im Stock.« – »Wenn sie in der Lage sind, imkerliche Fehlgriffe auszugleichen, wie kommt es dann, dass in den USA so viele Bienen sterben?« frage ich ihn. »Ich glaube, die Bienen sind einfach im ganzen mit ihrer Vitalität an den Rand gebracht worden«, antwortet er mir. »Wie würden wir uns fühlen, wenn wir 24 Stunden nur noch Nutella essen würden?« Laut Quarks.de (Mai 2007) schätzen Forscher den durch die Bienenbestäubung erwirtschafteten Wert allein für die USA auf bis zu 11 Milliarden Euro. »Es geht nur um Profit«, sagt Norbert, »um Nutzen. Die Bienen sind zum Geschäft geworden. Für mich ist das reine Ausbeutung.

*Wenn die Biene
von der Erde verschwindet,
dann hat der Mensch
nur noch vier Jahre zu leben;
keine Bienen mehr,
keine Bestäubung mehr,
keine Pflanzen mehr,
keine Tiere mehr,
keine Menschen mehr.*

Albert Einstein
(zugeschrieben)
†1955 US-Schweizer, Physiker
Quelle 25

Wo bleiben da ethische Ziele, haben wir Menschen denn nicht eine Verantwortung?« In Kroatien trainieren übrigens Wissenschaftler Bienen zum Aufspüren von Landminen und in den USA von Bomben. Woher wollen wir aber wissen, ob das auch ihre Aufgabe ist?! – »Deshalb frage ich mich auch«, sagt Norbert weiter, »ob die Bienen nicht einfach nur weggeflogen sind, um zu sterben! Wem würde es schon gefallen, in einer Beziehung nur ausgenutzt zu werden?«

Der Berufsimker Norbert Poeplau ist sehr um eine artgerechte Haltung der Bienen bemüht. Er arbeitet bei Mellifera, dem Verein für wesensgemäße Bienenhaltung. In der Fischermühle bei Rosenfeld erprobt, forscht, entwickelt und betreut man 2oo Völker – alles mit dem Ziel, die Biene zu verstehen, der Biene Gutes zu tun. – Gutes tun kann ihr jeder. Zum Beispiel auch durch eine Bienen-Patenschaft oder ein Gebet, eine

Meditation oder einfach einen positiven Gedanken. Jeden Sonntagabend haben sich Menschen zusammengefunden, die genau das tun, dort, wo jeder Einzelne gerade ist, und so, wie er oder sie es ganz persönlich mag. In der Gemeinschaft ist es halt wirkungsvoller, selbst wenn sie örtlich ungebunden ist.

Um die Bienen wesensgemäß zu halten, muss man ihr Wesen kennen. Norbert weiß, »so verschieden, wie die Menschen sind, so verschieden sind die Völker. Ich kann das ganze Farb- und Klangspektrum zur Beschreibung heranziehen. Um die Individualität eines Volkes zu erfassen, muss man sich Zeit nehmen. Allein über die Beobachtung am Flugloch, also eine rein äußerliche Beobachtung, lässt sich sehr viel über das innere Wesen eines Volkes sagen. – Individualität spiegelt sich auch an der Art wider, wie sie über die Waben laufen oder wie Brutnest, Pollenring und Honig im Zusammenhang angeordnet sind. Überhaupt ist der Wabenbau für mich ein Ausdruck von Persönlichkeit. Deshalb halte ich es für äußerst fragwürdig, schwache Völker dadurch stärken zu wollen, indem Brutwaben von stärkeren weggenommen werden, um sie einem schwächeren Volk hinzuzufügen, in der Hoffnung auf die Entwicklung von zwei gleich starken. Das kommt mir so vor, als würde ich wollen, dass alle Menschen gleiche Körpermerkmale aufweisen, also der ist zu klein geraten, dann gebe ich ihm mal längere Beine und so fort.«

Es ist Winter. Norbert Poeplau möchte wissen, ob seine Völker in Ordnung sind. »Ich lege mein Ohr an den Kasten. Wenn ich ein tiefes, gleichmäßiges Summen oder Brummen höre, einen leisen Zufriedenheit ausströmenden Ton, dann weiß ich, das Volk wird normal durch den Winter kommen. Ich kann auch eine Probe machen, indem ich an das Bienenhaus klopfe. Erst brummt das Volk auf, dann flacht dieser Ton wieder ab und geht in einen leisen über. An der Art dieser Tonveränderung erkenne ich, wie es dem Volk geht. Wie wenn ich jemand anstoße und dann beobachte, wie lange er braucht, um wieder zu sich selbst zu finden. So ist das bei den Bienen auch.« – »Haben deine Bienen eine persönliche Beziehung zu dir?« frage ich ihn. »Dass mich die Bienen als Imker kennen«, antwortet er, »da bin ich mir richtig sicher. Sie wissen ganz genau, wie ich sie behandle. Bin ich mal mit einem Volk ein wenig ruppiger umgegangen, dann kann das lange bei ihnen im Gedächtnis bleiben. Mit denen ich sorgfältiger umgegangen bin, da arbeite ich ohne Schleier und werde auch nicht attackiert. Die Bienen wissen, sie kennen die Menschen, die mit ihnen zu tun haben. – Einmal holte

ich ein Bienenvolk in die Fischermühle, das lange keinen Imker gesehen hatte. Die Waben waren im Innern aus imkerlicher Sicht frei und wild gebaut worden. Ich habe mich dann um die Bienen gekümmert. Erst hatten sie sich richtig gestört gefühlt. Deshalb bin ich zu dem Schluss gekommen, dass ich besser mit Kittel und Schutz arbeite. Über vier bis fünf Monate hinweg haben sich die Bienen durch mich jedes Mal gestört gefühlt. Das war deutlich spürbar. Erst als sie gemerkt haben, dass ich versuche, sie zu unterstützen, wurden sie friedlich. Heute ist das Volk mit mir in Harmonie«, schließt der bescheidene Bienenvater.

Gezeichnete Königin - die Markierung dient manchem Imker, sie leichter im Volk ausfindig zu machen.

»Die Bienen wollen im Moment heimgehen, zurück zum Planeten Venus, der ja auch der weiblichen Energie entspricht, dorthin, wo sie hergekommen sind« S.122 Arno Holderried

Im Regen geschrieben

*Wer wie die Biene wäre,
die die Sonne
auch durch den Wolkenhimmel fühlt,
die den Weg zur Blüte findet
und nie die Richtung verliert,
dem lägen die Felder in ewigem Glanz,
wie kurz er auch lebte,
er würde selten
weinen.*

Hilde Domin
Lyrikerin, †2006, Heidelberg
Aus: *dies., Gesammelte Gedichte.*
Quelle 26

alles ist energie was ist und im fluss

Arno Holderied

Vorsichtig klopft Arno Holderied mit seiner Stimmgabel einmal kurz auf den Bienenkasten. Es war ein strenger Geruch, den er vom Stock wahrgenommen hatte – ein Zeichen: Die Bienen sind heute nicht gut drauf. Dann wartet er – solange, bis der Klang verstummt ist. Erst daraufhin öffnet der 49-jährige Rentner den Bienenkasten. Er weiß, jetzt ist das Volk ruhiger geworden. »Auch gibt mir das Ausklingen der schwingenden Stimmgabel Zeit, um mich innerlich auf das Volk einzustellen«, erzählt er mir.

Zeit ist für Arno zu einer neuen Qualität geworden. Er hat Multiple Sklerose. »Die Ärzte sprechen von der als unheilbar geltenden Krankheit als einer Entzündung des zentralen Nervensystems. Für mich ist es ein nicht aufgearbeitetes Mutterthema«, sagt Arno und lächelt mich an. »Die Mutter ist Ausdruck der Weiblichkeit, und Weiblichkeit ist Gefühl. Und jeder Krampf ein *Nein* zum Gefühl. Auch wir Männer haben unsere Gefühle – in unserer weiblichen Seite, nicht in der männlichen.« – Während der Rehabilitation hatte Arno erfahren, dass Schlangen- und Bienengift gut für seine aufgetretene Lähmung wären. »Deshalb ging ich zu einem Imker. Ich wollte gestochen werden.«

Die Bienen verkörpern das Weibliche in Reinkultur. Mit einer Königin an ihrer Spitze ist das Volk in erster Linie getragen von weiblichen Arbeiterinnen. Die männlichen Drohnen sind weit in der Unterzahl. Sie sind noch nicht einmal imstande, sich selbst zu versorgen, müssen sogar von den weiblichen Bienen gefüttert werden, haben auch keinen Stachel. Wird Arno also von einer Biene gestochen, so ist die giftige Substanz von Weiblichkeit durchtränkt. »Mit dem Gift kommt die Weiblichkeit in mich hinein, macht mich auf sie aufmerksam und hilft mir, mich dem Gefühl hinzugeben«, sagt er.

»Das Bienengift ist ein Gottesgeschenk für Imker«, meint Dr. Stângaciu. Der gebürtige Rumäne ist Präsident des Deutschen Apitherapie Bundes (www.apitherapie.de). Api ist das lateinische Wort für Biene. Und ein Api-Therapeut hat sich mit den heilenden Kräften der Bienenprodukte beschäftigt. Er nutzt sie zur Behandlung seiner Patienten. Das Bienengift, das die Insekten zur Verteidigung ihres Volkes einsetzen, ist eines der Heilmittel des Api-Therapeuten, das er zum Beispiel zur Behandlung von Rheuma, Gicht, Nerven- und Kreislaufschwäche oder auch Gürtelrose einsetzt – vorausgesetzt man zählt nicht zu jenen Menschen, die allergisch auf das Gift reagieren. Es wird entweder über Injektionsspritzen verabreicht oder man lässt die Bienen direkt auf Körpermeridiane und Akupunkturpunkte stechen. Wird der Stich bei der Behandlung durch ein feinmaschiges Sieb verabreicht, erleiden die Bienen auch keinerlei Schaden dabei, der Stachel bleibt ihnen erhalten.« Hippokrates, der Vater der Medizin, war ein Eingeweihter der Verwendung des heiligen Giftes, das er *Arcanum* nannte, heiliges Geheimnis«, unterrichtete der Bienenmeister den Engländer Simon Buxton. »Eine der ältesten ägyptischen Papyrosrollen, der Smith-Papyros, der mehr als 3000 Jahre alt ist, besagt, dass es schon damals als verfeinerte Heil- und Einweihungsmethode verwendet wurde...... Bis heute findest du in China einige – einige wenige – bejahrte Akupunkteure, die ihre Nadeln in die Sonnentropfen des Bienengiftes tauchen, ehe sie diese Nadeln in den Körper des Patienten setzen. ... die Kraftlinien, Kanäle und Meridiane des Körpers waren jahrtausendelang bekannt dafür, Bewahrer der Bienenweisheit zu sein, Korridore, die bestimmte Energiepunkte miteinander verbinden, durch welche Energie im Körper zirkuliert. Das Blut und die Lebensessenzen reisen durch dieses System von Leitungsbahnen, die eine Vielzahl von Punkten im Innern und Äußeren des Körpers miteinander verbinden. ... Das schafft nicht nur Gleichgewicht und Heilung, sondern es erlaubt dem Eingeweihten auch, mittels Stimulierung durch das Heilige Gift in die Welten einzutreten, die außerhalb von Zeit und Raum existieren, zum Ort zu reisen, wo unsere Vorfahren uns unterrichten. Diese Lehren bilden das Magnus Opus das *Große Werk,* dieser Tradition.« *Der Pfad des Pollens* ist ein uralter keltisch-schamanischer Einweihungsweg, und Simon Buxton schreibt in seiner Autobiografie *Der Weg des Bienenschamanen* (S.52f, Quelle 15), wie er in diese Tradition vom Bienenmeister Bridge (dt. Brücke) initiiert wurde. »...Bridge sagte damit, dass frühere Gemeinschaften nicht nur eine Möglichkeit gefunden hatten, sich selbst zu heilen und in Harmonie zu bringen, sondern dass ihnen durch den Bienenstachel auch ein Weg zu den Göttern aufgezeigt worden war.« Aber *Der Pfad des Pollens* kennt »… auch seine Gefahren, denn vor der Geburt stehen die Wehen – kein Honig ohne Stachel. Aber wer es auf diesem Pfad zur Vollendung bringt, dem verleiht er außerordentliche Kontrolle über die physischen Erscheinungen. Dazu zählt die Fähigkeit, Materie umzuwandeln, sämtliche Krankheiten zu heilen und die Dauer der menschlichen Inkarnation zu verlängern.« (Simon Buxton, Der Weg des Bienenschamanen, S.53, Quelle 15)

»Und wie haben sich die Bienenstiche auf deine Gesundheit ausgewirkt?« frage ich Arno. »Einmal ging es mir ganz besonders gut. Es war vor etwa sechs Jahren, als ich gerade mit meiner eigenen Imkerei anfing. Ich war beim Schleudern. Gegen Mittag entschloss ich mich, eine kleine Pause einzulegen und das Bienenhaus zu verlassen. Dabei vergaß ich, die Honigschleuder zu schließen. Die Bienen hatten das schnell raus, Hunderte waren vom Duft des Honigs angezogen worden. – Es war mein allererstes Schleudern. Ich war glücklich und keineswegs nervös. Da habe ich einfach weitergemacht, obwohl die Bienen sogar schon in den Schleier gekrochen waren. Nach 150 Stichen hörte ich auf zu zählen. Erst als Ruhe einkehrte und ich im Auto saß, um nach Hause zu fahren, wurde mir die Menge der Stiche bewusst. Ich sah aus wie ein Hefekuchen. Mein Gesicht war völlig zugeschwollen. Zum Arzt wollte ich allerdings nicht gehen. Also legte ich mich ins Bett und wachte erst nach zwei Tagen wieder auf. Danach ging es mir für zwei bis drei Monate ausgesprochen gut.«

Momentan geht es Arno hundsmiserabel. »Ich stolpere sogar über meine eigenen Füße«, sagt er mir, »aber das bewerte ich nicht mehr über. Etwas wird in mir geordnet, ist am Arbeiten. Ich spüre das, wenn ich früh aufwache. Ob ich das selber bin, der da arbeitet, oder ob etwas von außen am Wirken ist, weiß ich nicht. Ich versuche, heute mehr anzunehmen und mich hinzugeben. Spüre allerdings deutlich, wie schnell ich mich innerlich der Hingabe zu verweigern neige, sie zu leben, gerne ausweichen möchte. Dabei ist doch die Hingabe ein entscheidender Ausdruck der Weiblichkeit, oder?!«

Arno Holderied war Bauleiter, bevor er Raum für seine Suche nach den tieferen Zusammenhängen des Lebens freigemacht hat: »Wenn ich nicht gearbeitet habe, habe ich Kinder produziert«, sagt er mir in einer Mischung aus Stolz und Nachdenklichkeit. »Ging es allerdings um Bücher, dann hatte es mich schon immer zu altem Wissen gezogen, okkultem Wissen, um genau zu sein. Zu Runen, heiligen Bäumen, Kraftorten – hatte mir aber einfach nicht die Zeit genommen, den Druiden in mir wahrzunehmen«, gesteht er mir. – »Es gibt zum Beispiel heute noch Gegenden in Irland oder Südtirol, da werden Samen in blauen Tüchern aufgehoben. Da kam mal ein Volkskundler hin, der hat die blauen Tücher an verschiedenen Orten hängen sehen. Da hat er die Bäuerinnen gefragt, warum sie das machen würden. Das machen wir so, weil wir es immer schon so getan haben, hatten sie ihm geantwortet. Als der Wissenschaftler wieder in seiner Heimat war, tat er es ihnen gleich: Er bewahrte Samen in einem blauen Tuch auf und auch in einem weißen und schwarzen. Er wollte vergleichen. Als das Frühjahr kam, zeigte sich, dass die Samen im blauen als erste aufgegangen waren und am stärksten blühten. Die im schwarzen waren am schwächsten, und als sie einigermaßen aufgeblüht waren, sind sie auch noch von den Schnecken gefressen worden. Und die im weißen waren normal gewachsen. – Auch das ist druidisches Wissen«, sagt Arno. »Wenn ich beim Entdeckeln und Schleudern bin, dann trage ich eine blaue Schürze.« Die Druiden waren um 1000 vor Christus die geistigen Führer der Kelten. Ihr weitreichendes Wissen über die Vorgänge der Natur beinhaltete auch Astrologie, Astronomie oder Mathematik und machte sie zu Priestern, Heilern und auch Baumeis-

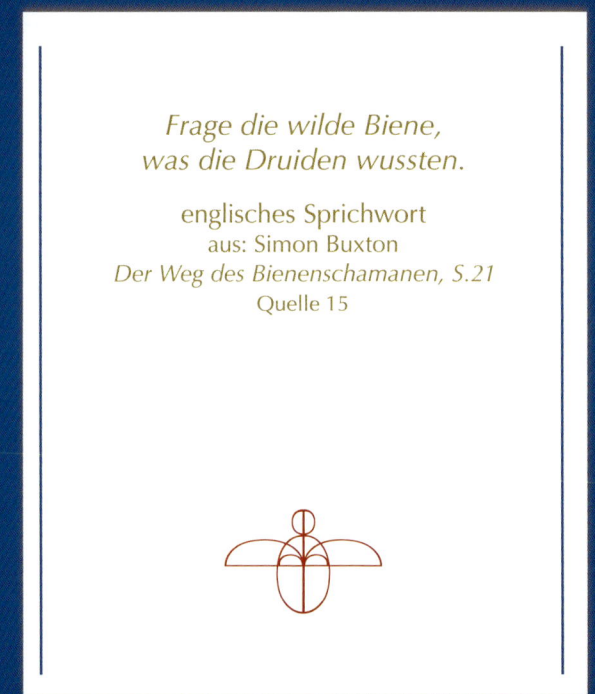

*Frage die wilde Biene,
was die Druiden wussten.*

englisches Sprichwort
aus: Simon Buxton
Der Weg des Bienenschamanen, S.21
Quelle 15

tern. Arno Holderied möchte diesem verborgenen Wissen auf den Grund gehen und es in die Betreuung seiner Bienen einfließen lassen. – Der Jungimker weiß: Standorte sind Energiezentren, positive, neutrale oder negative. Das ist schnell nachvollziehbar. Man gehe nur einmal in eine Kirche und anschließend in einen Schlachthof und fühle, wo es einem besser geht. Alles schwingt und strahlt. Nicht nur die Sonne, die kann jeder wahrnehmen, auch Planeten oder die Erde. Und es gibt Menschen, die sind so feinfühlig, dass sie ohne Hilfsmittel diese Schwingungen erfassen können. Wieder andere benutzen Pendel oder Ruten. Arno sagt, er kann beides. Er möchte den Bienen hohe Energie zukommen lassen. Deshalb konstruiert er ihnen ein formales Umfeld nach dem Vorbild mittelalterlicher Kathedralen. Hat er mit Bedacht einen geeigneten Ort der Kraft eruiert, stellt er sieben Völker in einem Kreis auf, wobei jeder Bien, also jedes einzelne Volk, auf dem Punkt einer vorgezeichneten Spitze steht, die als Ganzes einen *Siebenstern* ergeben. Basierend auf den Erkenntnissen des *Siebensterns* sollen auch viele Kathedralen errichtet worden sein, wie zum Beispiel die *Kathedrale von Chartres*. Es heißt, ihr Mittelpunkt, der heilige Altar, stehe im Zentrum dieses *Siebensterns*. Deshalb plaziert auch Arno ein achtes Bienenvolk in den Mittelpunkt seines *Siebensterns*, wenn dieses der Heilung und damit besonderer Energie bedarf. »Durch die Struktur dieses Aufbaus«, erklärt mir Arno, »wird eine hohe Energie erzeugt. Sie basiert auf dem Bauhüttengeheimnis, das von den Templern aus Jerusalem mitgebracht wurde. Dabei kann die Energie in einem senkrechten Korridor nach oben oder flächendeckend in die Umgebung geleitet werden. Nach oben ausrichten würde man, wenn mit dem Kosmos verbunden werden soll, also Energie holen oder geben will. Ich richte sie flächendeckend aus, damit es Mensch und Biene in einem großen Umfeld zugutekommen kann.« – »Und wie darf ich mir das Zugutekommen lassen vorstellen?« frage ich ihn. »Ich habe die Gegend um den *Siebenstern* vor und nach dem Aufstellen mit meiner Rute getestet«, antwortet er, »und dabei festgestellt, dass negative Erdstrahlungen, wie zum Beispiel Wasseradern, nach dem Aufstellen aufgehoben waren. Auch habe ich einen Baum nahe den Bienenkästen, eine Currykreuzung. In diesen Baum waren viele Schwärme hineingeflogen. Das hörte mit dem aufgestellten *Siebenstern* plötzlich auf. Da wurde mir klar, dass die Bienen die Energiestruktur verändert haben mussten. Für mich sind sie Träger des Lichts.«

Gelernt hat Arno all das von zwei Imkern: *Heinrich Sannemann*, der darüber ein Buch geschrieben hat (Heinrich Sannemann: *Der Bien und seine wahre Aufgabe auf Erden*, Broschüre ver-

> *Wo kämen wir hin,*
> *wenn alle sagten:*
> *»Wo kämen wir hin«,*
> *und niemand ginge,*
> *um einmal zu schauen,*
> *wohin man käme,*
> *wenn man ging?*
>
> Kurt Marti
> *1921 Bern, Schriftsteller, Theologe
> Quelle 27

griffen) und *Volker von Schintling-Horny* (www.schintlinghorny.de/siebenstern.htm), der ausführlich auf seiner Webseite von der *Siebenstern-Imkerei* erzählt und mit dem er im regen Erfahrungsaustausch steht. »Nicht jedes beliebige Bienenvolk kann dort aufgestellt werden«, sagt Arno. »Im *Siebenstern* stehen starke Völker, die die hohe Energie auch aushalten können. Wenn sich die Bienen nicht über den Schwarmtrieb vermehrt haben, funktioniert der *Siebenstern* nicht. Völker mit einer Zuchtkönigin sind ebenfalls dafür nicht geeignet.« – Ein Volk wird vor allem zu einem starken Volk durch die Königin. Wenige Tage nach ihrer Geburt verlässt sie den Stock, um bei guter Witterung im Mai auf Hochzeitsflug zu gehen – nach oben, der Sonne entgegen. »Eine Schwarmkönigin fliegt bis zu zwei Kilometer hoch«, führt Arno weiter aus, »während eine Zuchtkönigin nur zwischen 800 und 1000 Metern hochfliegt, das heißt, die Zuchtkönigin kann gar nicht die gleiche Energie mitbringen wie die Schwarmkönigin. – Wie das allerdings gemessen wurde, konnte mir bislang noch keiner sagen.«

»Wenn ich das richtig verstanden habe«, frage ich weiter, »dann kann durch die

Siebenstern-Imkerei ein weites Umfeld energetisch gereinigt werden und erheblich zum Heilwerden der Erde beitragen. Welche Vorteile bringt sie darüber hinaus?« – »Die *Siebenstern-Imkerei* schützt die Bienen vor der Varroa-Milbe«, antwortet Arno. »Für die Parasiten ist diese Energie zu hoch. Meistens gehen sie nicht in den Bienenstock hinein. Wenn sie es dennoch tun, dann können sie dem Volk als Gesamtes keinen Schaden zufügen, weil die Biene die Milbe im Zaum hält. Und andere Bienen lernen davon, weil dieses Miteinander weitergetragen wird. – Außerdem geben die Bienen einen energetisch hochwertigeren Honig. Wir messen das über ein System des französischen Physikers *Bovis* (1871-1947), nachdem auch die Energieeinheiten benannt wurden. Je mehr *Bovis-Einheiten* etwas hat, desto höher ist die Schwingung oder Energie. Energie tut uns gut, fördert unser Wohlbefinden. Auch beim Essen. Das hat jeder schon selbst erfahren. Die Energie, die wir bekommen, wenn wir einen Bio-Apfel essen, ist doch ein andere, als würde man eine Billig-Semmel zu sich nehmen. Bei etwa 7.000 Bovis-Einheiten kann man von einer hohen Qualität sprechen. Mein Siebenstern-Honig hat regelmäßig mindestens 90.000 Bovis-Werte.« – »Dann ist wohl dieser Honig sehr teuer?« frage ich ihn. »Ich verkaufe keinen *Siebenstern-Honig,* der ist mir viel zu wertvoll. Ich verschenke ihn an jene, die nicht einfach nur unbewusst konsumieren, sondern den energetischen Gehalt zu schätzen wissen. Gestern war jemand da, der hat Mundkrebs. Handelsüblicher Honig ist für ihn nicht essbar. Aber der *Siebenstern-Honig,* den konnte er ohne Probleme zu sich nehmen. Das hat ihn und mich gefreut. – Und mein jüngster Sohn zum Beispiel, der bekommt vom Honig Ausschlag und Allergien. Eines Tages half er mir bei den Bienen und beim Schleudern. Und zu unserer Überraschung hatte er keinerlei gesundheitliche Probleme. Also probierte er, auch noch den Honig zu essen. Und da haben wir festgestellt, dass er den *Siebenstern-Honig* bestens verträgt. Auch das hat mich gefreut.«

Arno hatte mir ein Glas von diesem wertvollen Honig geschenkt. Als ich wenige Wochen nach unserem Treffen morgens aufwache, spüre ich einen geschwollenen Hals, ganz so, wie es sich beim Beginn einer Erkältung anfühlt. Ich stehe auf, hole mir einen Esslöffel Sonnenblumenöl und lutsche diesen im Mundraum für etwa zwanzig Minuten. Das habe ich mal gehört, ausprobiert und als sehr wirksam erfahren. Das Öl zieht über den Speichel die Gifte aus dem Körper. Im Anschluss kommt mir der Gedanke, eine Teelöffelspitze von Arnos *Siebenstern-Honig* unter der Zunge zergehen zu lassen. Wie im Nu legt sich ein heilsamer Schutz auf die Entzündung, und der

Schmerz ist deutlich gelindert. Diese Prozedur wiederhole ich noch zweimal am Tag. Es ist erstaunlich, obwohl mich sonst eine erkältungsähnliche Infektion körperlich sehr schwächt, erlebe ich es diesmal anders: Der Entzündungsherd im Hals ist deutlich spürbar, aber meine eigenen Kräfte scheinen davon nur unmerklich beeinträchtigt zu sein. Ich fühle mich nur wenig reduziert und voll funktionsfähig. Und zu meiner Überraschung ist schon am dritten Tag die Entzündung geheilt. – Und das hat mich gefreut.

Wir stehen im *Siebenstern*. »Die Bienen«, sagt Arno, »möchten eigentlich ein rundes Haus haben.« – »Woher weißt du das?« frage ich ihn zurück. »Hast du schon einmal einen eckigen Baum gesehen?« antwortet er mir in Erinnerung daran, dass in früheren Zeiten Bienen gern in hohlen Bäumen genistet haben. Ihr Lebensraum war der Wald, weswegen die ersten Imker auch Waldimker waren. Sie wurden *Zeidler* genannt. Bienen sind Wildtiere und Haustiere gleichermaßen. Zu Letzteren entwickelten sie sich erst ab etwa 1000 n. Christi. »Warum hast du dann eckige Bienenhäuser?« frage ich. »Mit den Viereckigen kann ich besser arbeiten, aber glücklich bin ich damit nicht.« Diese Art der Beuten, so nennt man fachmännisch Bienen-Behausungen, kamen erstmalig Mitte des 19. Jahrhunderts zum Einsatz. Sie erlauben dem Imker, die einzelnen Rähmchen-Waben nach Gutdünken zu verändern und dadurch Einfluss auf die Entwicklung eines Volkes zu nehmen. Der amerikanische *Reverend Lorenzo Langstroth* soll die Botschaft im Herbst 1951 in einem Traum erhalten haben. Die Entdeckung des Bienenabstandes und der variablen, freihängenden Rahmen führte weltweit zur Veränderung in der Imkerei. »Wenigstens habe ich ihnen schon einen größeren Brutraum geschaffen. Da habe ich gespürt, wie sie durchschnauften«, sagt Arno.

Energie gibt er den Bienen auch über die *Effektiven Mikroorganismen*, kurz *EM* genannt, die von einem japanischen Professor entwickelt wurden. »Das sind Hefe, Pilze, Bakterien – ein bisschen von vielem. Wenn ich den Deckel vom Bienenkasten aufmache, spritze ich das hinein. Die Bienen sind viel vitaler und stabiler. Glauben wollte ich das zunächst auch nicht. Aber ich bekomme immer wieder Rückmeldungen von anderen Imkern. Die bestätigen das.« Und nach einer Pause schließt er an: »Die Bienen wollen im Moment heimgehen. Zurück zum Planeten Venus, der ja auch der weiblichen Energie entspricht, dorthin, wo sie hergekommen sind. Ich weiß selber nicht so genau, woher ich das weiß. Manches Wissen ist einfach da. – Die Bienen haben uns Jahrtausende gute Dienste geleistet, und was macht der Mensch? Er verpestet die Atemluft, vergiftet die Pflanzen, verändert durch Gentechnik und nutzt die Bienen nur aus. Da haben sie die Nase voll«, erklärt sich Arno das mysteriöse Verschwinden der Bienen, das mittlerweile auch in Deutschland und anderen Ländern in der ganzen Welt deutliche Spuren zeigt. Zur Sonnenwende, am 21. Juni, hatte Arno deshalb bei den Bienen Mantren gesungen. So hatte er das in einer Meditation erfahren. Ein Mantra ist ein Wort, Satz oder Klang. Jedes Mantra ruft ureigene Schwingungen hervor. Durch Wiederholung – innerlich oder äußerlich gesprochen – kann es uns helfen, tiefer in unsere Mitte zu kommen. Es ist auch eine Form des Gebets. »Und weil ich auch von den Bienen gelernt habe, mein Tun nicht mehr so sehr zu hinterfragen, habe ich einfach getan, was ich in der Meditation erfuhr, bin 14 Tage lang bei Sonnenaufgang hierher gekommen und habe für 45 Minuten 1o8 mal Gebete in Sanskrit gesprochen. Ich hatte mir dafür extra einen Walkman gekauft, weil ich nicht in Sanskrit auswendig beten kann. –

Das Wegbleiben der Bienen«, glaubt Arno, »hat aber auch etwas mit dem Wassermannzeitalter zu tun hat, in das wir jetzt hineingehen«. Laut Astrologen steht unsere Welt alle paar Tausend Jahre unter dem Einfluss wechselnder Energieströme. Die Zeitalter entsprechen Tierkreiszeichen, und diese werden dann Planeten zugeordnet. Und es heißt, wir seien jetzt inmitten einer Zeit des Umbruchs: Das Fischezeitalter, das zu Zeit Christi anfing, würde enden und das Wassermannzeitalter beginnen. Dieses sei geprägt vom Planeten Uranus und Merkmalen wie Freiheit, Individualität, Offenheit, Vergeistigung, Weltbürgertum, aber auch eine weltweite Vernetzung und Globalisierung. »Das Wassermannzeitalter ist verrückter, nicht so strukturiert«, interpretiert er. »Astrologisch würde es passen, wenn die Zeit der Bienen vorbei wäre und eine andere beginnen würde, die Zeit der Hummeln. Die Hummeln sind viel chaotischer.«

Schließlich lassen wir einen Moment der Ruhe einkehren und das Treiben der Bienen des *Siebensterns* auf uns einwirken. »Möchtest du hier meditieren?« fragt er in die Stille und hebt mit seinem kraftvollen linken Arm seinen durch die Krankheit stark geschwächten rechten, um mit beiden nach einem Stuhl zu greifen. Er weiß genau, ich möchte. Dann stellt er ihn rechts neben einem altarähnlich geschmückten Platz – es ist der Mittelpunkt des *Siebensterns* – mit Blick auf die Bienenkästen vor einer blühenden Weide. Zum Schutze meines Kopfes reicht er mir einen Schleier, der allerdings genau in Höhe meines Mundes ein kleines Loch hat. *Nun gut, wird sich schon keine Biene gerade in dieses Loch verirren wollen*, denke ich und setze ihn auf. Ich möchte nicht verängstigt wirken, zumal er sich seines T-Shirts entledigt hat und neben mir mit nacktem Oberkörper und ohne Kopfschutz Platz genommen hat. Schließlich bemühe ich mich, in die Stille zu gehen, so wie ich es beim Meditieren immer wieder übe, um die energetische Qualität des *Siebensterns* aufzunehmen. Ich versuche, meine Aufmerksamkeit beim Ein- und Ausatmen zu halten. Das ist ein Weg. Es gibt auch andere. – Als hätte mein Gedanke sie angezogen, summt eine Biene vor meinem Gesicht herum. Im Nu ist die Aufmerksamkeit vom Atem abgewandert, haben sich meine Gedanken der Biene zugewandt. *Fliegt sie nun in das Loch oder nicht? – Sollte ich vielleicht doch meine Hand erheben und es zuhalten? – Na ja, sollte sie in den Schleier fliegen, halte ich einfach Mund und Augen geschlossen. Aber dann könnte sie noch in die Nase reinkommen? – Jetzt fliegt sie doch von dannen. Glück gehabt. – Doch nicht, da ist sie wieder.* – Ein ununterbrochenes Hin- und Herdenken hatte eingesetzt. Den Geist zur Ruhe kommen zu lassen, ist gar nicht so einfach, jedenfalls für mich nicht. Dennoch, für wenige Augenblicke spüre ich die heiße Sonne auf meinem Körper brennen, nehme Arnos Stillsitzen neben mir wahr und höre das Summen unzähliger Bienen um mich herum. In mir formuliert sich der Vergleich mit dem indischen Zupfinstrument, der Sitar, deren Klänge ich nur mag, wenn ich mich innerlich auf sie einschwinge. Gelingt mir das, erlebe ich sie als äußerst wohltuend und beruhigend. Und so empfinde ich jetzt das Summen der Bienen. Wie heiliger Gesang klingt es. Schön. Ideal zum Meditieren. In das Buch füge ich eine CD mit der Bienen Stimme, kommt mir der Gedanke. Vielleicht hatte ihn mir die Biene aus dem *Siebenstern* zugeflüstert?! (*)

(*) Im späteren Verlauf meiner Arbeit an dem Buch entdeckte ich die Klänge von *The Bee Priestesses*. http://www.myspace.com/thebeepriestess. – Statt einer CD ergänze ich nun eine Empfehlung. – Und es hatte mich wieder mal gelehrt: Gedanken kommen, sind aber im Moment ihres Daseins vielleicht nur Auslöser auf dem Weg zu etwas ganz anderem.

Bienen-Leben am Flugl

Wächterbienen im Einsatz

130

Bienen-Zusammenarbeit

Der Pollen besitze zweiundzwanzig chemische Bestandteile, also so viele, wie es Buchstaben im ursprünglichen hebräischen Alphabet gibt. S. 218

Frisch geschleuderter Honig.

Gespräch mit der Bienenkönigin

*Erlauben Sie mir, einen Wunsch zu sagen.
Ich möchte ein Glas Honig haben.
Was kostet's? Ich bin zu zahlen bereit.
Für was Gutes ist mir mein Geld nicht leid.*

*Sie wollen was Gutes für Ihr Geld?
Sie kriegen das Beste von der Welt!*

*Sie kaufen goldnen Sonnenschein,
Sie kaufen pure Gesundheit ein!
Was Bessres als Honig hat keiner erfunden.*

*Der Preis? Ich verrechne die Arbeitsstunden.
Zwölftausend Stunden waren zu fliegen,
um soviel Honig zusammenzukriegen.
Ja, meine Leute waren fleißig!
Die Stunde? Ich rechne zwei Mark dreissig.
Nun rechnen Sie sich's selber aus!
27.000 kommt heraus.
27.000 Mark und mehr.
Hier ist die Rechnung, ich bitte sehr!*

Josef Guggenmos
†2003, Allgäu, Lyriker, Kinderbuchautor
aus: *Was denkt die Maus am Donnerstag?*, Quelle 28

dein wille geschehe

Yamaguchi

Ist es möglich, einen Schwarm *freiwillig* zum Einziehen in einen leeren Bienenkasten zu bewegen? Diese Frage hatte mich seit der Beschäftigung mit den Bienen begleitet. Die Sendung des BBC *Der Mönch und die Riesenhornissen (Quelle 29)* gab mir unerwartet und überraschend eine Antwort: (Überraschend deshalb, weil ich mittlerweile nur noch selten Fernsehen gucke und in Programmzeitschriften überhaupt nicht schaue. Warum ich es dennoch so wenige Tage vor Ausstrahlung der Sendung tat, kann ich somit nur auf eine erneute glückliche Fügung zurückführen.) Man nehme eine blühende Orchidee und stelle diese neben den Eingang eines leeren Bienenhauses; danach übe man sich in Geduld – so jedenfalls macht es Yamaguchi im Frühjahr, der Zeit des Ausschwärmens der Bienen. Er ist Imker, Orchideenzüchter und buddhistischer Mönch. Der Japaner lebt auf Honshu, wo die Bienenzucht ein großes Geschäft ist. Die Insel beheimatet aber auch die weltweit größten und äußerst gefährlichen Riesenhornissen. In Japan sterben jährlich etwa siebzig Menschen an ihrem Gift. Yamaguchi weiß: Die östliche Wild-Honigbiene *Apis Cerana* verwechselt den ausströmenden Duft der Orchidee mit ihrem Todfeind der Riesenhornisse. Hat eine Bienenkundschafterin den Blumengeruch geortet, verbreitet sie die Nachricht in ihrem Volk. In kürzester Zeit ist die Orchidee von Hunderten Bienen belagert – alle nur mit dem einen Ziel, ihrem vermeintlichen Erzfeind, der Hornisse, zu Leibe zu rücken. Während dieses Schauspiels entdecken ihre Artgenossen – ganz wie durch Zufall – den daneben aufgestellten Bienenkasten. Leere Nistplätze sind in der freien

Natur nur schwer zu finden und daher äußerst willkommen. Und so wird er sogleich von den Bienen erkundet. Passiert er ihre *Qualitätskontrolle*, fliegen die Kundschafterinnen zurück zum Schwarm, um die *gute Botschaft* von einem neuen Zuhause dem Volk zu verkünden. Yamaguchis Wissen um die Zusammenhänge in der Natur und sein vertrauensvolles Handeln werden belohnt. Ich kann sehen, wie der Schwarm einzieht. Von nun an beginnt für ihn die Zeit, verantwortlich für das neue Volk Sorge zu tragen.

Mein Glaube, sagt Yamaguchi in der BBC-Sendung von James Honeyborne, *verbietet mir, irgendein Lebewesen zu verletzen. So kann ich nicht mehr tun, als weiter auf meine Bienen aufzupassen und abzuwarten, was das Schicksal bereithält.* (Quelle 28)

Darüber hinaus scheint mir interessant, dass die japanischen Wildbienen einen intelligenten Weg gefunden haben, sich der Hornisse zu erwehren.

*Willst du drei Stunden glücklich sein -
trinke Wein.
Willst du drei Wochen glücklich sein -
schlachte ein Schwein.
Willst du drei Jahre glücklich sein -
nimm ein Weib.
Willst du ein Leben lang glücklich sein -
baue deinen Garten
und halte Bienen darin.*

Konfuzius (zugeschrieben)
chinesischer Philosoph, ca. 551 v. Chr.
Quelle 30

Werden europäische Honigbienen von einem Hornissenschwarm angegriffen, haben sie meist keine Chance zu überleben. Eine Hornisse kann bis zu vierzig Bienen in der Minute töten. Die nach Japan importierten Honigbienen sind zahlenmäßig einem Hornissenschwarm weit überlegen, haben evolutionsgeschichtlich allerdings keine Verteidigungsmechanismen entwickeln können und sind deshalb mit einem derartigen Angriff gänzlich überfordert. So können leicht dreißigtausend Bienen einem Hornissenangriff in nur kurzer Zeit zum Opfer fallen mit geringen Verlusten von dreißig Hornissen auf gegnerischer Seite. Entdeckt ein professioneller japanischer Imker ein Hornissennest, wird es deshalb ausgeräuchert und zerstört. (In Deutschland stehen Hornissen unter Naturschutz. Bewohnte Nester dürfen nicht vernichtet werden.)

Wie aber verhalten sich die einheimischen japanischen Wildbienen, wenn der ungebetene Besuch einer Hornisse an der Haustür steht? Die Bienenwächter warnen unverzüglich ihr Volk, in dem sie den Duft Pheromon durch die Luft ausbreiten. Anders als die europäische Honigbiene bleiben die Wildbienen in ihrem Stock, greifen die Hornisse nicht an. Sie lassen sie sogar ins Innere des Stocks hineinkommen, in dem es mittlerweile angespannt still geworden ist. Sobald die Hornisse eine Biene angreift, ist es das Signal für die anderen, zum Gegenangriff überzugehen. Hunderte Bienen fallen über die Hornisse her, nehmen sie in ihre Mitte. Dabei erzeugen sie mit ihren vibrierenden Körpern eine Wärme, die die Hornisse nicht mehr erträgt. Bei 46 Grad Celsius stirbt sie an Überhitzung. Die Bienen ertragen nur zwei Grad mehr, zwei Grad, die über Leben und Tod entscheiden. – Diese Strategie haben die japanischen Wildbienen über Millionen Jahre entwickelt. Und auch wenn ein Hornissenangriff nicht immer von ihnen so glimpflich abgewehrt werden kann, so bietet sie wenigstens eine Chance zum Überleben.

*Nichts
gleicht der Seele so sehr wie eine Biene,
schwebend von Blume zu Blume
wie eine Seele von Stern zu Stern,
Honig sammelnd
wie die Seele das Licht.*

Victor Hugo
Schriftsteller, †1885 Paris
aus: *1793*, Quelle 31

Drohn – die drei Punktaugen dienen zur Messung der Helligkeit.

Müßet im Naturbetrachten
Immer eins wie alles achten;
Nichts ist drinnen, das ist außen.
So ergreifet ohne Säumnis
Heilig öffentlich Geheimnis.
Freuet euch des wahren Scheins.
Euch des ernsten Spieles:
Kein Lebendiges ist Eins,
Immer ists ein Vieles.

Johann Wolfgang von Goethe
†1832 Weimar, Dichter
Epirrhema, Quelle 32

dankbar mit dem inneren auge die einheit schauen lernen

Günter Friedmann

In der Seele berührt sein, vom Leben. Gibt es etwas Schöneres? – Seiner Berufung begegnen und folgen: Ersehnen wir uns das nicht alle? Dank den Bienen!

Vor mir sitzt ein großer, kräftiger Mann, gebeutelt zur Zeit, die Bandscheibe schmerzt. Das Heben der Kästen mit den honiggetränkten Waben und Tausenden Bienen fordert viel physische Kraft – vielleicht ist auch dies einer der Gründe, warum es so viele Bienenväter und nur wenige -mütter gibt. Gespannt, konzentriert nimmt er das Gespräch auf, bis schließlich seine skeptischen Augen zu leuchten beginnen und den Raum erwärmen, wenn er offenherzig bekennt: »Was ich heute bin, verdanke ich zu einem großen Teil den Bienen. Sie haben mich erzogen, gebildet und führen mich zur Reife. Sie sind meine großen Lehrmeister.«

Am Morgen des Heiligen Abends der zwölf Weihenächte greift Günter Friedmann nach einem Buch der Poesie. Sein Weg führt zu den Bienen. Im Rezitieren der Gedichte und Singen verschiedener Lieder drückt er seinen tief empfundenen Respekt aus für seine Lebensbegleiter und ihre dargebrachten Geschenke. »Es geht um Geburt«, sagt er, »ein neues Bienenjahr beginnt. Die Bienen wissen das sowieso, für die brauche ich es nicht zu tun. Es ist einfach eine kulturelle Geste der Ehrfurcht und Demut. Man kommuniziert und verbindet sich dadurch.« Diese Tradition der *alten Imker* ist auch eine Tradition der Bauern, die den Tieren von der Ankunft des Christus erzählen. Es wird berichtet, die Bienen summten Lieder und Tiere könnten reden zur zwölften Stunde in dieser gesegneten Nacht. *Ein junger Bursche wollte herausfinden, ob das auch stimmte,* schreibt Dr. Wolf-Dieter Storl in seinem Buch *Ich bin Teil des Waldes.* (Franckh Kosmos Verlag, S.174, Quelle 13) *Er ging in den Stall, aber da er das lange Aufbleiben nicht gewohnt war, schlief er bald ein. Er war enttäuscht, das Wunder verpasst zu haben. Er hätte lediglich geträumt, dass die neuen jungen Kühe gesagt hätten, es gefalle ihnen gut auf dem Hof, nur hätten sie gerne etwas Salz. Da sagte der Bauer: Ach ja, ich habe ja vergessen, ihnen Salz zu geben.*

Günter Friedmann arbeitet intuitiv im Rhythmus der Zeit, ohne im Gefolge sich selbst einverleibter Büchergurus an einzelnen Terminen festzuhalten. Die Gefahr hineinzuinterpretieren je mehr man gelesen hat, ist ihm zu groß. Er weiß, wovon er spricht. Als Student der Volkswirtschaft und politischen Ökonomie war der Denker auf Marx und Lenin ausgerichtet, ein reiner Theoretiker, der noch nicht mal einen Nagel in die Wand einschlagen konnte. »Im Winter lebe ich zurückgezogen, gehe nach innen, verarbeite das vergangene Bienenjahr. Und Silvester verbrenne ich im Feuer alte Bienenkästen, um mich und die Bienen vom Ballast zu befreien, zu läutern und neu anzufangen.« Auch die Bienen haben sich seit dem Spätherbst zurückgezogen. Ab einer Außentemperatur von etwa 12° bleiben sie lieber im warmen Stock, um im Zentrum ihrer Traube eine stete Temperatur von rund 35° Celsius zu halten. Und so hängen sie sich mit ihren Beinen aneinander, fallen in eine Art pulsierende Bienenstarre, in der sie sich durch langsame Bewegungen von innen nach außen und außen nach innen gegenseitig wärmen und versorgen. Ein anhaltender surrender Ton gibt zu erkennen, dass sie nicht schlafen. Die sogenannten Winterbienen schlüpfen von August bis Oktober und können bis zu acht Monate leben. Das Überleben ist ihre wichtigste Aufgabe. Durchschnittlich umfasst ein Volk zu dieser Zeit 12.000 Bienen. Sie ernähren sich von dem, was der Imker ihnen an Honig gelassen hat, und auch von einer ergänzenden Zusatznahrung. Meist ist dies eine einfache Zucker-Wasser-Mischung, aus der die Biene gelernt hat, so etwas Ähnliches wie Honig herzustellen. Werden die Bienen verwöhnt, erhalten sie darüber hinaus ergänzende Tee- und Kräuterzusätze. »Das Zuckerwasser schwächt die Bienen«, sagt Günter, »ist ihnen nicht gemäß. Ihre Substanz ist derzeit so angeschlagen, dass wir dringend handeln müssen. Ich arbeite daran, dass mindestens 50-60% der Anteile des Futters aus Honig bestehen.«

Drohn

An diesen frostigen Tagen ist es still bei den Bienenständen. Nur ab und zu klopfen Spechte oder Meisen an die Beute, stören die Winterruhe, nähren sich gern an neugierig herauskommenden Bienen. Auch Spitzmäuse wissen um die Köstlichkeit der Insekten und ihre derzeitige Untätigkeit, suchen den Weg ins Innerste – um dabei das eine oder andere Mal auf der Strecke zu bleiben. Totgestochen werden ungebetene Gäste und sorgfältig mit Propolis einbalsamiert. Der Bien weiß sich dadurch vor Fäulnis zu schützen.

Zeitweise erleben mehrere Millionen Bienen die Obhut von Günter Friedmann. Der Imkermeister, der immer ohne Handschuhe und meist ohne Kopfschutz arbeitet, betreut 500 bis 600 Bienenstöcke. Heute ist es die größte biologisch dynamisch geführte Imkerei weltweit. Dabei fing alles ganz harmlos an: Der Nachbarin im Bayerischen Wald verstarb der Mann. Er war Imker gewesen, Günter angehender Akademiker mit wenig Kontakt zur Natur. »Sie jammerte rum, wusste nicht, was sie mit den Bienen machen sollte, also hab ich ihr spontan meine Hilfe angeboten. Mir war gar nicht klar, auf was ich mich da eingelassen hatte. Würde mir heute jemand anbieten, bei den Bienen zu helfen, wäre ich zurückhaltender, würde sagen: Nun schau erst mal zu«, bekennt er. Dieses salopp dahergesagte Versprechen sollte in die Begegnung mit einem seiner größten Glücksmomente münden: »Beim Betreten des Bienenhauses empfange ich diesen Duft aus einer Mischung aus Holz, Wachs und Honig, und als ich ergriffen vom Summen und Brummen der Bienen die Beute öffne, da war mir sofort klar: Ich hatte meine Berufung gefunden. Von einem Tag auf den anderen fasste ich den Entschluss, eine eigene Imkerei aufzubauen. Bis zum heutigen Tag habe ich es nicht ein Mal bereut, nie gezweifelt. Das ist jetzt fast dreißig Jahre her.« Auch seine Bienen scheinen es nicht zu bereuen, ihn als ihren Vater gewählt zu haben. Ihre Schwarmlust ist auffallend gering. Für Günter ein Zeichen: Die Bienen fühlen sich wohl. »Wenn ein Imker eine Schwarmstimmung von 1oo% hat, dann heißt das für mich, da stimmt was nicht. Geht es den Bienen gut, vermehren sie sich nur so stark, wie sie es brauchen.« Will man es den Bienen gutgehen lassen, muss man sie kennen – wie in jeder anderen Partnerschaft. Es ist die immer wieder neu entfachte Suche nach dem Unbekannten im anderen, nach lernen und verstehen wollen, die uns voranbringt und in einem flexiblen Miteinander entwickeln lässt, um nicht in der Starre zu verdorren. Der scharfe Analytiker Günter Friedmann begriff sehr schnell die Probleme, die aus einer Art Massentierhaltung bei den Bienen erwachsen waren und zunehmend schlimmer werden würden, und entwickelte sich zu einem der Pioniere für eine wesensgemäße Bienenhaltung, wofür er 2oo4 vom Bundesministerium für Verbraucherschutz, Ernährung und Landwirtschaft den *Förderpreis für ökologisch wirtschaftende Betriebe, die innovative Leistungen in die Praxis ihres Betriebes eingebunden und umgesetzt haben*, ausgezeichnet worden war.

Unter dem Siegel der *Demeter*, der dreifachen Muttergöttin aus dem griechisch-kleinasiatischen Raum, die für Fruchtbarkeit der Erde, des Getreides, der Saat und der Jahreszeiten steht und in den Manifestationen als Jungfrau, Mutter und weise Frau dargestellt ist – Eigenschaften, die wir auch in den Bienen finden können – bemüht er sich, Theorie und Praxis zu vereinen: Die Bienen wollen zur Fortpflanzung schwärmen, und so lässt man sie. Sie möchten ihre eigenen Waben bauen, deshalb gibt man ihnen auch keine künstlichen Mittelwände. Und sie wollen selbst über ihre Königin entscheiden, wissen sie schließlich am besten, was ihnen guttut, weshalb das Manipulieren mit Gezüchteten außer Frage steht. Diese Aspekte bilden die drei Grundpfeiler der umfangreichen Demeter-Richtlinien. – Wie weit haben wir Menschen uns doch vom natürlichen Einklang im Leben mit der Natur entfernt, wären sie sonst notwendig? Und wer – schauen wir uns doch einmal selber an – hat es in einer Partnerschaft gerne, wenn der andere uns mit seinen Wünschen und

*... - es ist besser, sagte ich mir,
zur Biene zu werden und
sein Haus zu bauen in Unschuld,
als zu herrschen
mit den Herren der Welt, ...*

Johann Christian Friedrich Hölderlin
dt. Lyriker, †1843 Tübingen
aus: *Hyperion*, Quelle 33

Forderungen in eine Form pressen will, die unserem Wesen so gar nicht zugutekommt, sondern eigentlich nur dem anderen kurzzeitig und ohne Blick auf das Gesamte dient? Zerbrechen nicht genau daran die meisten Beziehungen? – Wahrscheinlich sind sie deshalb so notwendig, die Richtlinien. »Ich habe Bienenvölker erlebt, die waren noch nicht einmal imstande, eine zusammenhängende Wabe zu bauen«, schmerzt es den berufserfahrenen Mann.

Vierzig Tage nach Weihnachten feiert die katholische Kirche Maria Lichtmess, das zu früheren Zeiten auch Mariä Reinigung genannt wurde. (»Nach den Vorschriften des Alten Testaments galt die Mutter vierzig Tage nach der Geburt eines Sohnes als unrein.« http://www.feiertagsseiten.de, 9.12.2009) Das Fest gilt als Abschluss der christlichen Feiertage, an dem das Leben mit Weihnachtsbaum und Krippe in den Stuben ein Ende nimmt. Wir schreiben den 2. Februar. Um diese Zeit herum beginnt die Königin mit dem Bestiften freier Zellen. Das Volk scheint im Innern des Stocks aus der Winterruhe aufzuwachen. Spendet dann die Sonne ihre ersten milden Tage, finden Krokusse,

Drohn

Hyazinthen oder Schneeglöckchen den Weg zu uns zurück, steht ein erneuter Frühling als Geschenk vor unserer Tür, heißt es, ganz langsam Abschied zu nehmen von innerer Zurückgezogenheit und zu hoffen, dass auch das Bienenvolk sich erneut uns im *Äußeren* zeigen wird. Zu dieser Jahreszeit ist es am Bienenstand meist die Mittagsstunde mit ihrer ausreichend warmen Temperatur, die den Bienen als Signal gereicht, sich dem lang ersehnten Auskoten überlassen zu können. Die Tiere sind sehr auf Reinlichkeit bedacht und werden immer bemüht sein, ihren Darm außerhalb des Stocks zu entleeren. Ihre Kotblase hat ein hohes Fassungsvermögen, die es ihr erlaubt, über mehrere Monate Verdauungsreste bei sich zu halten. Weiße Wäsche zieht sie besonders an. Deshalb sollten Hausfrauen, die in der Nähe von Bienenstöcken ihre sauber gereinigten Kleidungsstücke aufhängen wollen, in dieser Zeit lieber darauf verzichten, rät Michael Weiler in seinem Buch D*er Mensch und die Bienen* (Verlag Lebendige Erde, S. 65).

Und auch wenn ein Volk die Überwinterung gesund überstanden hat, den Schwierigkeiten ausreichend Vitalität entgegensetzen konnte, so heißt das noch lange nicht, dass nicht einzelne Glieder des Gesamten auf der Strecke geblieben sind. Dieser Prozess des permanenten Werdens und Sterbens in einem Volk durchzieht sich im

Drohn

der Vitalität ihrer Königin. Bei einem Volk bestehend aus mehreren zehntausend Tieren ist allein die Tatsache ihrer einzigartigen Stellung beachtenswert. Und so wundert es wenig, dass die Königin im Kern mit zwei zentralen (sichtbaren) Aufgaben betraut ist: das Volk im Inneren zusammenzuhalten durch den Ausstoß eines Duftstoffes, genannt Ph*eromon,* und der kontinuierlichen Fortpflanzung ihres Volkes, zu der grundsätzlich ausschließlich sie in der Lage ist. Ihre Eier werden Stifte genannt. Und in der Art ihrer Plazierung kann der geübte Blick eines Imkers Rückschlüsse auf den Zustand einer Königin ziehen: »Legt sie zwei in einer Zelle ab«, sagt Günter, »oder schräge oder zur Seite liegende, löse ich Völker auf. Eine vitale Königin wird immer die Stifte genau in die Mitte ablegen, dort, wo die tiefsten Punkte der Zellen zusammenlaufen.« Das zahlenmäßige Verhältnis der Nachkommenschaft ihres Volkes steuert Königinmutter über die Zufuhr der Spermien. Befruchtete Eier werden zu weiblichen Arbeiterinnen, unbefruchtete zu männlichen Drohnen. Je lichter und wärmer die Tage, desto intensiver das Bestiften. In der heißen Hochsaison kann eine gesunde Königin bis zu 2000 Eier pro Tag legen, das ist ein Ei pro Minute und entspricht eines Vielfachen ihres Körpergewichts. Empfangen hat sie diese Potenz auf ihren Hochzeitsflügen – Günter Friedmann ist sich sicher, dass es sich immer um mehr als einen handelt –, die sie schon wenige Tage nach ihrer Geburt geschlechtsreif aus der Weiselzelle antritt.

Und so nennt man die Königin auch gerne nach ihrem Geburtsort Weisel, in dem auch das Wort weise enthalten ist. Die 3 cm lange Zelle, aus der sie nach 16 Tagen schlüpft, hebt sich deutlich durch ihre rundlich längliche Form von den üblicherweise Sechseckigen ab. Ist sie groß und stark strukturiert, ist Günter Friedmann zufrieden. Zur Begattung fliegt die Königin an schönen Tagen der Sonne entgegen, um sich hoch in der Luft mit zehn bis dreißig Drohnen solange zu paaren, bis die Samenblase für den Rest ihres 3 - 5-jährigen Lebens ausreichend gefüllt ist und sie sich anschließend zurückgezogen im Stock ihrer zugewiesenen Aufgaben bis zu ihrem Tod hingeben kann. – Lässt die Kraft einer Königin nach, merkt es das Volk am Abnehmen der von ihr ausgesandten feinstofflichen Pheromone. Es sind die weiblichen Mitschwestern, die jetzt über eine Ablöse der alten Königin entscheiden und ein bis zwei Dutzend Jungweisel im Frühsommer nachziehen – durch Fütterung mit Gelee Royale, der Stoff, der die Entwicklung der Geschlechtlichkeit ihrer Königin fördert (und der übrigens auch den Menschen diesbezüglich nützlich sein kann). – Es kann nur eine geben. *Die zuerst Geschlüpfte tötet alle Nachfolgenden mit ihrem Stachel*, hört man aus wissenschaftlichen Kreisen. Günter Friedmann konnte das nach seiner Aussage noch nicht beobachten und ist der Meinung, dass es die Bienen selbst sind, die übriggebliebene Königinnenzellen ausbeissen. Er meint, Königinnen versuchen sich aus dem Weg zu gehen. – Der Stachel der Königin ist, ganz im Gegensatz zu denen der Arbeiterinnen, ohne Widerhaken, verbleibt somit auch nicht im Leib der Gestochenen und führt deshalb auch nicht nur nicht zum sofortigen Tod, sondern kann auch mehrfach von ihr benutzt werden. Ich habe bislang keinen Imker gehört, der je von einer Königin gestochen worden wäre, sodass wir also mit ziemlicher Sicherheit davon ausgehen dürfen, dass ein uns zugefügter Stich nur von einer Arbeiterin sein kann.

Eine Bienenkönigin allein ist nicht lebensfähig. Sie kann sich noch nicht einmal selbst ernähren. Deshalb hat sie – und ihr Volk – einen Hofstaat, ganz wie es ihrem Namen gebührt. Es ist ein Kreis von Ammen, oftmals zwölf an der Zahl, die sie umsäumen und versorgen und über Mundwerkzeuge und Rüssel mit dem weißlichen Königinnentrank füttern. »Die Hofstaatsbildung ist ein lebendiger, dynamischer Prozess«, erzählt Günter, »er bildet sich immer wieder neu, wenn die Königin über die Waben läuft und einzelne Bienen sich ihr zuwenden und sie umringen. Diesen Hofstaat mit 6 - 8 Pflegebienen konnte ich in den ersten Jahren meiner konventionellen Imkerphase nie sehen. Es hat mich bestärkt im Entschluss, die Bienen wesensgemäß betreuen zu wollen.«

*Der Mensch muss bewußt tun,
was die Tiere unbewußt tun.
Ehe der Mensch zur Gemeinschaft
der Bienen und Ameisen gelangt,
muß er erst einmal bewußt
den Stand des Viehs erreichen,
von dem er noch so weit entfernt ist.*

Leo N. Tolstoi
†1910, Russland, Schriftsteller
aus: *Tagebücher* (1890), Quelle 34

Alles greift ineinander. »Königin und Volk bedingen sich«, ergänzt er. Auch eine weibliche Arbeiterin oder männliche Drohne wäre nicht imstande, ohne die anderen zu überleben. Der Bien ist ein einheitlicher Organismus und jedes einzelne Glied ist einzig und allein darauf ausgerichtet, ihrer oder seiner zugedachten Bestimmung uneingeschränkt nachzukommen.

Weibliche Bienen dominieren ein Volk deutlich in der Zahl und leben (scheinbar) jungfräulich. Nicht umsonst werden sie Arbeiterinnen genannt. Putzen ist die erste Aufgabe, nachdem eine Biene rund 20 Tage nach ihrer Bestiftung geschlüpft ist und von ihren ebenfalls unfruchtbaren Mitschwestern mit Futter gestärkt wurde. Nicht nur sie selbst, vor allem die Brutzellen wollen für den Nachwuchs oder die Einlagerung der Vorräte sauber sein. Auch weiß sie diese zu wärmen und durch das Vibrieren ihrer Flügel mitzuhelfen, eine konstante Temperatur im Stock zu halten. Nach drei Tagen wird sie zur Amme, füttert zunächst junge Maden, umsorgt eventuell auch ihre Königin im Hofstaat durch ihre nun mehr entwickelten Milchdrüsen, die das nahrhafte

Gerade aus der Geburtszelle geschlüpft.

Gelee Royale herstellen. Ab dem sechsten Tag nimmt sie ihren Mitschwestern Nektar ab und stampft Pollen. Während sich die Milchdrüsen wieder zurückbilden, aktivieren sich Wachsdrüsen, die sie als Baubiene benötigt, um das Wabenwerk zu errichten, auszubessern oder beim Verdeckeln einzelner Zellen zu helfen. Auch kümmert sie sich um die Weiterverarbeitung und Lagerung des Honigs. Ungefähr ab dem zehnten Tag macht sie ihre ersten kurzen Ausflüge in die nahe Umgebung des Stocks, bei denen sie Orientierung lernt – Imker nennen dies das *Jungbienenvorspiel*. Langsam bilden sich die Wachsdrüsen wieder zurück, und sie übernimmt für die letzten drei Tage als Stockbiene den Wächterdienst am Flugloch, schließlich will man nicht jedem in seinem Hause Eintritt gewähren.

Die Sommerbiene hat nach ungefähr zwanzig Tagen arbeiten im Innern (oder vierzig Tagen von der Eiablage) die Reife erlangt, um jetzt im Außen tätig sein zu dürfen und für die verbleibenden rund zwanzig Tage ihres Lebens als Flug- bzw. Sammelbiene mit dem Eintragen von Nektar, Pollen, Wasser und Kittharz ihrer weiteren Bestimmung nachgehen zu können. Beachtenswert scheint – bei idealisierter Betrachtung – die wiederholt auftretende Zahl *vierzig* als Zeitspanne. Auch in der christlichen Tradition spielt sie eine auffallende Rolle: Christus hat vierzig Tage in der Wüste gefastet. Die Passionszeit, die Aschermittwoch beginnt und Karfreitag endet, währt vierzig Tage.

Arbeiterin vertreibt Drohn vom Flugloch.

Sein Grab blieb vierzig Stunden verschlossen und er weilte vierzig Tage nach seiner Auferstehung auf Erden. Und im Islam übermittelte der *Engel Djabrail* dem *Propheten Mohammed* im Alter von vierzig Jahren die ersten Suren des Koran. Und übrigens: Eine normal verlaufende Schwangerschaft dauert vierzig Wochen.

Man könnte bei der Biene fast den Eindruck gewinnen, als käme die vierzig-tägige Lebensperiode im Stock einer stärker verwurzelten Anbindung an das Zentrum des Volkes gleich und als diene sie der Vorbereitung auf das, was sie als Flugbiene im Außen allein – und vor allem fern des unmittelbaren Energie-Einflussbereiches ihrer Königin – zu erwarten hat. *Prof. Jürgen Tautz*, Leiter der Beegroup am Biozentrum der Universität Würzburg, hat herausgefunden, dass die Bienen im Alter smarter werden: »Die Anzahl der Synapsen, der Nervenverbindungen im Gehirn, nimmt messbar zu. Aber auch ihr Gedächtnis und die Fähigkeit, komplexe Aufgaben zu lösen, werden besser.« (www.welt.de/welt_print/article1486520/Der_unsterbliche_Bienenstaat.html)

Es scheint, als bedürfe das Eintragen der Tracht, das hingebungsvolle Liebesspiel mit der Pflanze, heim ins Innerste des Bien einer speziellen Reife und Kraft, die – nur allzu oft – nicht gemeistert werden kann, denn: »Es gibt viele Bienen, die kommen von ihren Flügen bei den Blüten nicht zurück«, sagt Günter, »sterben vor Erschöpfung.« – Wen wundert es. Für ein Glas Honig umrundet eine Biene buchstäblich einmal die

Da wurde mir klar, dass die Bienen etwas von mir erwarten: Respekt. S. 161, Günter Friedmann

gesamte Erdkugel, fliegt 40.000 mal aus und 1,5 Millionen Blüten an. Im Umkreis von zwei Kilometern muss sie dafür 3 kg Nektar sammeln und 60.000 mal Honigblasen füllen, denn pro Flug kann sie nur etwa 0.07 Gramm Nektar darin speichern. Tag für Tag legt eine Sammlerin durchschnittlich 85 Kilometer zurück. Sie kann bis zu 30 Stundenkilometer schnell fliegen und gemeinsam mit ihren Kolleginnen ungefähr acht Kilo Nektar in den Stock bringen. – Spinnen wir weiter in der Welt der Zahlenakrobatik dann können wir erfahren, dass eine Trägerin 50 Mal ausschwirren muss, um das Volk mit ausreichend Flüssigkeit zu versorgen. Insgesamt 18.000 Wasserflüge sind bei einem Volk von 30.000 Bienen und ihrer entsprechenden Brut ungefähr erforderlich, die von 360 Bienen täglich geleistet werden. Im *Normalfall* sind ihre zerbrechlichen Flügel durch die Anstrengungen nach zwei bis drei Wochen abgenutzt, ihre Kräfte schwinden und sie wird zur willkommenen Beute von Vögeln oder Insekten.

Im Grunde läuft die Reihenfolge der Arbeiten im Stock immer gleich ab – es sei denn, eine unerwartete Situation erfordert vom Bien kurzfristiges Umdenken. Dann vermögen alte Bienen, zurückgebildete Drüsen wiederherzustellen oder wieder selbst Eier, allerdings unbefruchtete Eier, zu legen. Dynamische Anpassungsfähigkeit kennzeichnet das Volk wie jedes ihrer Glieder – sie sind miteinander verwoben, voneinander abhängig und bedingen sich gegenseitig in der Einheit. »Zu dieser Einheit zählt auch

der Imker, der Standort oder gar die Vermarktung«, meint Günter. »Eine Imkerei ist ein lebendiger Organismus. Und ich sehe meine Aufgabe in der Verschmelzung ihrer Elemente. Dabei ist wesentlich, dass ich vorurteilsfrei und akkurat die Bienen beobachte, mich ihnen liebend zuwende, um sie erst mal zu verstehen, dann zu erfahren, was sie brauchen, um letztlich zum richtigen Zeitpunkt die notwendige Maßnahme ergreifen zu können. Dabei differenziere ich heute zwischen den einzelnen Völkern nicht mehr so sehr, betreue gegenwärtig 600 in der gleichen Zeit wie früher 100, arbeite immer effektiver.«

Es waren die Bienen, die ihn gelehrt und zu dieser Kommunion aufgefordert hatten. »Als ich einmal gehetzt zu einem Standort ging, wollte ich noch auf die Schnelle Futter geben. Schnell geht gar nichts bei den Bienen! Sie haben mich total verstochen. Also fing ich an, mich zu konzentrieren, zur Ruhe zu kommen und dann weiterzuarbeiten. Und sofort hörten sie mit der Stecherei auf. Da wurde mir klar, dass die Bienen etwas von mir erwarten: Respekt. – Sie zeigen mir deutlich, so geht es nicht. Das ist einfache, direkte und reife Kommunikation.« – Bienen sprechen zu uns auf vielen Ebenen, auch emotional, weiß Günter: »Geht es der Einzelbiene gut, glänzt sie, ist dick und fett, anstatt dünn und stumpf. Vitale Völker ruhen in sich selber, stechen kaum, sind personifizierte Harmonie. Haben sie eine Depression, bauen sie keine Waben. Gerüche sind Ausdruck ihrer Individualität. Alkohol oder unangenehme Ausdünstungen mögen sie überhaupt nicht. Der Bien kann aber auch gierig sein, andere brutal ausrauben, sobald sie deren Schwäche erkennen. Polaritäten gehören zum Leben, sind Bestandteile der Einheit. Brummt der Wald laut, höre ich ihre Freude über den Nektarstrom. Es sind satte, zufriedene Töne beim Fliegen. Da ist Musik drin. Es ist eine Seelenempfindung, und ich spüre, es geht ihnen super gut.«

Diese Glückshormone scheinen die Damen des Hauses auch dann zu empfangen, sind sie umgeben von Drohnen, den Männern des Bien. »Vielleicht sind sie die Stimmungsmacher«, sagt Günter. »In der Natur hat alles seinen Sinn. Und man sollte sich schon fragen, warum Völker auf Naturwabenbau so viele Drohnen aufziehen? So pflegte zum Beispiel mal eines von 30.000 Bienen im Laufe des Sommers 30.000 Drohnenzellen, obwohl zur Begattung aber nur 15-30 der Herren zum Zuge kommen. Da muss doch mehr dahinterstecken. Ich glaube, das Volk braucht sie, auch um sich wohlzufühlen. Auch sind sie gut für den Wärmehaushalt und dienen der Eiweißreserve. Die Bienen saugen die Maden aus, wenn nicht genug Futter da ist. Aber eigentlich wissen wir sehr wenig über sie.«

Ein Drohn wird 24 Tage nach der Bestiftung geboren und lebt – nach landläufiger Meinung – einzig, um die Jungköniginnen auf den Hochzeitsflügen zu besamen. Vergönnt ist dies nur wenigen. Und der Preis, den die Geliebten dafür zahlen müssen, ist hoch: Die Kopulation (Begattung) kostet ihr Leben. Ein Teil des ausgestülpten Samenschlauchs bleibt in der Königin und führt zum sofortigen Tod. Zählt ein Drohn nicht zu den glücklich Auserwählten, lebt er weitere drei bis sechs Wochen im Sommervolk, lässt sich füttern und macht es sich gemütlich. Sein Körper ist nicht auf Arbeiten ausgerichtet, wenngleich ihm scharfe Sinne, kräftige Flügel und gutes Sehvermögen zugeschrieben werden. Und so schwelgt er im Müßiggang, brummt und dröhnt – daher auch vielleicht sein Name – oder vagabundiert mit seinen Kumpanen in den frühen Nachmittagsstunden *Wo-auch-immer* – keiner weiß es so genau. Dieses Schlaraffenleben im Spätsommer nimmt ein abruptes Ende, wenn Nachwuchsköniginnen nicht mehr gebraucht werden und damit auch die potentiellen Besamer zur gänzlichen Nutzlosigkeit degradieren. Eine mehrtägige Drohnenschlacht beginnt, bei der die Überflüssigen von den weiblichen Bienen gebissen und aus dem Stock gezerrt werden, weiterer Zutritt strengsten untersagt und ihr umgehender Tod unausweichlich vorprogrammiert ist.

Habe nun, ach! Philosophie,
Juristerei und Medizin,
Und leider auch Theologie
durchaus studiert, mit heißem Bemühn.
Da steh' ich nun, ich armer Tor,
Und bin so klug als wie zuvor!
...
Geheimnisvoll am lichten Tag
Läßt sich Natur des Schleiers nicht berauben,
Und was sie deinem Geist
nicht offenbaren mag,
Das zwingst du ihr nicht ab
mit Hebeln und mit Schrauben.

Johann Wolfgang von Goethe
†1933 Weimar, Dichter
aus: *Faust, Erster Teil,* Quelle 35

Ob als Königin, Arbeiterin, Drohne oder Gemeinschaft, sie agieren, funktionieren, folgen ihrem Lebensfluss. Was aber lässt sie handeln? – Wissen? – Denken? – Instinkt? – Oder ...? – Wie können wir Antworten erfahren? Und woher nehmen wir sie, die Gedanken, Impulse, Ideen? – Produzieren wir sie selber oder sind sie uns eventuell gegeben? – Was macht es aus, sie zu empfangen? – Wer könnte sie uns speisen? – Wo ist Verbindung von dem einen zu dem anderen? – Wie stellen wir sie her?

»Immer, wenn eine Frage beantwortet zu sein scheint, taucht die nächste auf«, sagt Günter. Das kenne ich gut.

Ein langanhaltender Ton vom Reiben der Klangschale mischt sich mit dem Gesumme und Gebrumme am Standort. Worte der Poesie beflügeln die Atmosphäre. Der Rauch von Harz und Tabak durchdringt die Luft. Und mit dem Tanz der Langsamkeit verschmelzen Körper, Seele und Geist im Moment des Raumes. *Taijiquán* oder auch *chinesisches Schattenboxen* nennt man diese Jahrtausende alte Form der Meditation, bei der sich – in seiner Vollendung – Bewegung und Bewegungslosigkeit in Einheit paaren. Günter Friedmann schwingt sich damit innerlich auf seine Bienen ein. Es tut ihnen gut. Auch mögen sie es, wenn er ihnen erklärt, was er mit ihnen vorhat. Diese Rituale gehören genauso zum geistigen Verbinden wie das gelegentliche Übernachten bei diesen luftig leichten Wesen während der milden Sommermonatsnächte. »Damit öffne ich mich meiner Intuition«, sagt er, »und erlebe ihre heilende, reife Energie, die ins Gleichgewicht bringt. Wir Menschen existieren in einer Zeit, in der alles äußerlich ist. Bei den Bienen ist das nicht möglich. Da geht es um das Innen.«

Es ist eine sehr intime Begegnung. Und wenn es denn so sein soll, wird uns vielleicht eine Erfahrung oder Vision geschenkt. So jedenfalls sehen es die Indianer, als ein Geschenk. »In einer Meditation erschien mir einmal die Bienenkönigin. Sie war ein ganz reifes Wesen«, erzählt Günter von seiner Vision.

»Rudolf Steiner hatte mal gesagt, die Bienen seien reifer als wir und dass wir eines Tages selbst zur Biene werden würden. Das ist schwer verständlich. Aber heute, nachdem ich mich über mehrere Jahrzehnte mit dem Thema verbunden habe, sehe ich, dass daran etwas stimmen könnte. Aber: Tiere sind Tiere. Und Menschen sind Menschen.«

Zu Beginn meiner Arbeit an diesem Buch erschien mir selber im Traum eine große bildfüllende Biene von der Seite, die am Boden lag. Sie war absolut ruhig und ihre Flügel leicht hochgestellt. Auffallend war ihr Kopf: Es war der eines männlichen Menschen. Vielleicht ist es das Mentale, das mir Verbindung so schwer machen lässt?! Vielleicht war der Traum auch ein Hinweis auf das Gesagte dieses so berühmten Anthroposophen?! – Und am Ende meiner Arbeit träumte ich von einer Biene, die in mein linkes Ohr flog und so schnell in meinen Gehörgang krabbelte, dass es meiner Begleitung unmöglich war, sie wieder herauszuholen. Gestochen hat sie mich nicht, wohl aber hinterließ sie mir lange Zeit das bleibende Gefühl ihrer Präsenz in meiner linken Kopfhälfte.

»Die Natur äußert sich«, sagt Günter weiter. »Es ist erstaunlich, wie klar ihre Ansprache ist. Früher bin ich zum Beispiel mit meinen Bienen gewandert, um möglichst viele Trachten und mannigfaltige Honigsorten eintragen zu können. Eines Tages spürte ich, wie beim Weggehen eine Lücke am Standort entstanden war – die Bienen fehlten. Seitdem verabschiede und vor allem bedanke ich mich regelmäßig und fühle, wie sich allein dadurch Geschlossenheit einstellt.«

Während Günter erzählt, erinnere ich mich an meinen *Taijiquán*-Lehrer in Arizona, der schon im Alter von sechs Jahren in diese hohe Kunst der uralten Lehren eingewiesen wurde und schließlich zum Dao Sifu, was so was wie ein Großmeister ist, heranreifte. Wann immer er unseren Übungsraum betrat oder verließ, verbeugte er sein Haupt. Ich fand das ziemlich albern, mich vor einem leeren Raum zu verneigen. Meine Unwissenheit und mein Stolz waren hier wohl nicht die besten Ratgeber – und so kehre ich meine Aufmerksamkeit zu Günters Erzählungen zurück: »Auch war das Rühren von Hornmist und Hornkiesel, womit ich die Umgebung der Bienenstände besprühe, um die Fruchtbarkeit des Bodens zu erhöhen und damit dem Demetergedanken Rechnung zu tragen, für mich lange Jahre eine Zeit der Untätigkeit gewesen. Bis ich eines Tages feststellte, wie sich die geistige Umgebung veränderte. Mein damaliger Praktikant unterbrach den Rührvorgang mittendrin und fragte mich, ob ich auch schon die vielen Vögel bemerkt hätte, die so laut zwitschern würden? Es war in der Tat so, als hätte der ganze Wald zu singen begonnen, als würden sich alle freuen, dass man etwas für sie tut. Plätze sind belebt. Viele Wesen gehören dazu, die mit und um die Bienen leben und sich durch sie ausdrücken.«

»Wesen, die sich durch die Bienen ausdrücken? Habe ich das richtig verstanden, Günter?« – »Es sind lichtvolle geistige Wesen, Nymphen und Sylphen zum Beispiel«, erklärt er. – *Wenige haben die Fähigkeit, in diesen Bereichen klar zu sehen*, schreibt Dr. Storl in seinem Buch *Pflanzendevas* (AT Verlag, S.16, Quelle 23). *Dies ist auch zu erwarten, denn diese Wesen offenbaren sich vor allem im Spiegel der Seele. Und dieser Spiegel muss lauter sein, wenn man die Übersinnlichen sehen will. ... Je selbstloser und transparenter das Bewusstsein wird, desto treffender, reiner und feiner werden auch die Imaginationen.* (Dr. Wolf-Dieter Storl, Pflanzendevas, AT Verlag, S. 41) Sylphen und Nymphen gehören zu den Elementarwesen. Diese bevölkern die vier Naturreiche: Gnome die Erde, Salamander das Feuer, Nymphen und Undinen das Wasser und Sylphen die Luft. *Es handelt sich eben nicht um konkrete, materielle Wesen*, schreibt Dr. Storl an anderer Stelle (s.o., S.126), *denen man mit den Werkzeugen unserer empirischen Wissenschaft auf die Schliche kommen kann. Es handelt sich um transempirische*

Drohn

Energieformen, um Entitäten ohne physischen Leib. ... Nymphen oder schwirrende Sylphen sind weder eindeutig objektiv noch subjektiv vorhanden. Sie erscheinen kaum dem Alltagsbewußtsein. Sie sind Zwischenwesen, die gelegentlich an den Nahtstellen unseres Weltbildes hindurchschimmern können. Die Elementarwesen wirken mit beim Gestalten der Pflanzen- wie Tierreiche, lese ich bei ihm weiter: *Die Luftgeister oder Sylphen umspielen gerne die Vögel in ihrem gleitenden Flug; ... Sie flattern gerne mit Schmetterlingen und Bienen durch sonnenwarme Luft und ruhen in den geöffneten Blütenkelchen.* (Dr. Wolf-Dieter Storl, *Pflanzendevas*, S.136) *... Diese ätherischen Geschöpfe sind an allen Reaktionen und Verwandlungen der materiellen Stofflichkeit beteiligt. ... Die durch Kreuzungsexperimente unabsichtlich hervorgegangenen südamerikanischen Killerbienen tragen die Züge böse gewordener Sylphen.* »Heutzutage«, sagt mir Günter, »betrachtet man die Killerbienen allerdings wegen ihrer Varroatoleranz und ausgeprägten Vitalität als Glücksfall der Evolution.«*

Dr. Wolf Dieter Storl schreibt weiter, dass normalerweise jedoch *... diese Ätherwesen unter der Führung und Anleitung der höchsten geistigen Wesenheiten ... stehen, ... die mit Weisheit und Liebe die Schöpfung regieren, nämlich den Devas. Bildhaft ausgedrückt, könnte man sagen, die Devas als Träger der Urbilder sind die Architekten der Schöpfung. Sie fertigen die Baupläne an. Die Elementarwesen und Naturgeister sind* die Arbeiter, welche die Bausteine, die stoffliche Materie, herantragen, um das Werk zur Manifestation zu bringen/sichtbar erstehen zu lassen. Die geschaffene Welt, in der wir leben, ist ihr Werk. ... Indem die Sylphen den Pflanzen Licht und Wärme zutragen, bringen sie diese zum Blühen; zugleich führen sie die Insekten zur Befruchtung an die Blütenkelche. (s.o., S.137/138, Quelle 23)

Ein Hellseher soll sogar beobachten können, dass sich eine Aura am Rande der Blüte zeigt, sobald die Biene an ihr labt, meinen die Anthroposophen um Rudolf Steiner. *Wie die Devas*, schreibt Dr. Storl weiter, *so kehren auch ihre Helfer, die Heerscharen ätherischer Wesenheiten, wieder in das menschliche Bewusstsein zurück. Sie wollen mit uns Verbindung aufnehmen, denn auch sie wissen, dass wir und unsere Erde Hilfe brauchen. Sie wissen, dass die Natur von der Neugierde und Habgier unwissender*

> *Den meisten Menschen
> geht über ihrer
> materialistischen Denkungsweise
> leider jedes Naturempfinden
> und Schauen
> und das Sich-einfühlen-Können
> in jedes kleinste Tier,
> sei es eine Raupe,
> vollends ab.
> Das kann man nur mit großer Liebe.
> Nicht das Denken erlöst die Welt,
> sondern die Liebe.*
>
> Manfred Kyber
> †1933, Löwenstein, Autor
> aus: Anton Brieger
> *In zwölfter Stunde*, S. 275
> Quelle 36

Drohn

Scharlatane befreit sein muss. (Dr. Wolf-Dieter Storl, *Pflanzendevas*, S.140) ... Es ist eine Symbiose, die sie mit uns oder wir Menschen mit ihnen eingehen können. Ich zitiere Dr. Storl weiter: *Da die Naturgeister und Elementarwesen keine feste Körperlichkeit besitzen, sondern aus Energien bestehen, ist es nicht schwer für sie, in die singenden, tanzenden Menschen hineinzuschlüpfen und sie förmlich zu begeistern. Die Ätherleiber der Menschen und die der Naturgeister verbinden sich dann zu einer Einheit.* (s.o., S.142, Quelle 23)

Günter Friedmann war Dr. Wolf-Dieter Storls Nachbar. Ab und zu bat er ihn, nach seinem Bienenstand zu schauen. Dass dieser Nachbar in der Welt des Sichtbaren und Nichtsichtbaren wie nur sehr wenige Menschen zuhause ist, war dem Imker nicht bekannt gewesen. – Und, dass der *Schamane aus dem Allgäu*, wie der Ethnobotaniker Dr. Storl zu seinem Leidwesen so gerne genannt wird, mit seinen Büchern gerade in dem Moment in mein Blickfeld gerückt wird, als ich Günter Friedmann treffe, empfinde ich wieder einmal als ein äußerst bemerkenswertes Zusammenspiel *Von-wem-auch-immer*.

Wenn der Stand der Sonne am höchsten ist, der Tag am längsten und die Nacht am kürzesten, wenn der Kalender den 21. Juni anzeigt, auf der Nordhalbkugel der Tag der Sommersonnenwende ist und die Katholische Kirche sich auf Johanni vorbereitet, dem Gedenktag der Geburt Johannes des Täufers, eine der großen Zeiten, in denen laut Omraan Mikkhaël Aïvanhov *in der Natur ein gewaltiges Strömen und Kreisen von*

Energien zu beobachten ist, *das die ganze Erde mit all ihren Bewohnern beeinflusst* (Omraan Mikkhaël Aïvanhov, *Weihnachten und Ostern in der Einweihungslehre*, Prosveta Verlag, S. 11, Quelle 41a), dann beginnen die Bienen langsam ihr produktives Jahr zu beenden und sich auf die Winterruhe vorzubereiten. Bei allem, was die Bienen tun, ist die Sonne der Quell ihrer Orientierung, weshalb sie auch von vielen Imkern als Sonnentiere gesehen werden. Jetzt ist der Schwarmtrieb vorbei, das Bauen nimmt ab und Waldhonig ist die einzige Tracht. Substanz will nun bewahrt werden, um den kommenden Strapazen ausreichend Vitalität entgegensetzen zu können. Der Imker hilft ihnen dabei: »Völker, die sich nicht verteidigen können oder sterben wollen«, sagt Günter, »löse ich auf. Ich merke das zum Beispiel bei der Fütterung im Herbst, wenn ich sie wiege und dem Volk das Mindestgewicht fehlt. Das heißt, dass sie das Futter nicht annehmen.«

Bald wird auch Günter Friedmann wieder Rückschau halten, um die sommerlichen Erfahrungen in der nächsten Saison einzubringen. »Bis heute ist es eine ungebrochene Faszination, die ich mit den Bienen erlebe«, sagt der erfahrene Imker, der sich seit 2oo7 auch in Ägypten für die Rettung und den Erhalt der dort lebenden *Apis M. Lamarkij*, die vor dem Aussterben bedroht ist, einsetzt.

»Ich empfinde es als ein Privileg, diesen Beruf ausüben zu dürfen, selbst wenn es finanziell gesehen nicht so lukrativ, der Honigpreis zu niedrig ist. Das Bienenvolk lehrt mich, in das Herz der Natur reinzuschauen, sie versöhnen mich immer wieder mit der Welt! Dabei habe ich trotz aller Wahrnehmung das Gefühl, noch immer im Dunkeln zu tappen.«

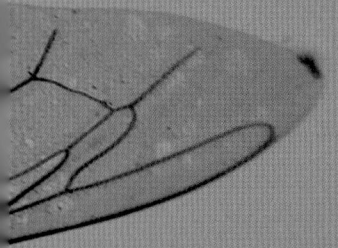

Manchmal schob sich eine dunkle Wolke vor die Sonne, und die Nahrung suchenden Bienen kühlten aus. In der Kälte sind die Flügel der Bienen gelähmt und sie fallen zu Boden, unfähig, wieder aufzusteigen oder überhaupt nur zu krabbeln. Wenn Bridge solche Unglücksfälle bemerkte, pflegte ich ihn zu beobachten ... und sah, wie er sanft einen kalten kleinen Körper in seine Hände nahm und warme Luft über ihn blies. Jedes Mal, wenn ich Zeuge dieses Wunders wurde und sah, wie eine leblose Biene wieder zum Leben erwachte, staunte ich und freute mich, ...

Simon Buxton
Autor
aus: *Der Weg des Bienenschamanen*, S.29, Quelle 15

»... einzig Bienen sind in der Lage, jene Substanzen, die sie brauchen, ausschließlich aus sich selbst heraus zu produzieren« – Albert Muller, S. 191/192

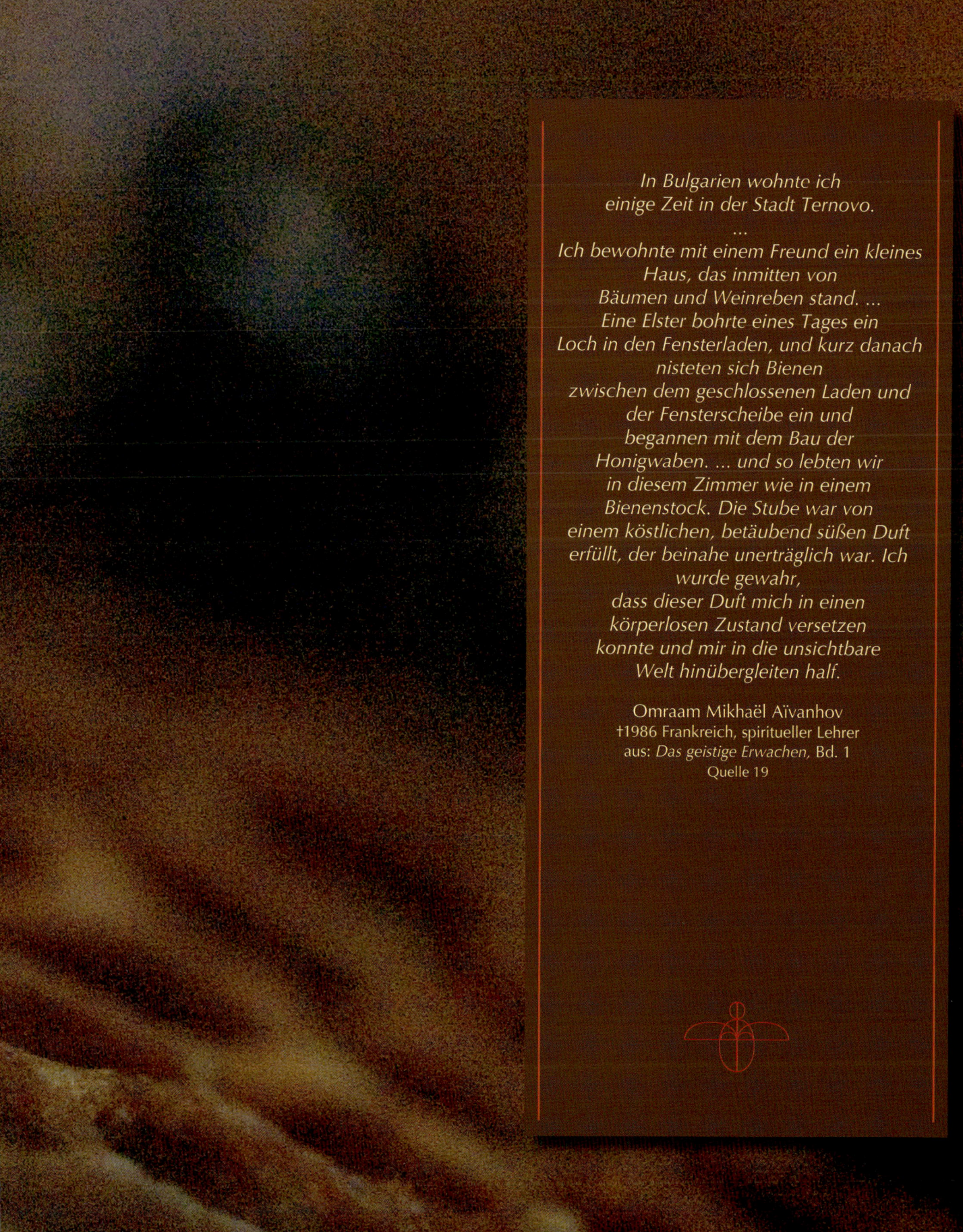

*In Bulgarien wohnte ich
einige Zeit in der Stadt Ternovo.
...
Ich bewohnte mit einem Freund ein kleines
Haus, das inmitten von
Bäumen und Weinreben stand. ...
Eine Elster bohrte eines Tages ein
Loch in den Fensterladen, und kurz danach
nisteten sich Bienen
zwischen dem geschlossenen Laden und
der Fensterscheibe ein und
begannen mit dem Bau der
Honigwaben. ... und so lebten wir
in diesem Zimmer wie in einem
Bienenstock. Die Stube war von
einem köstlichen, betäubend süßen Duft
erfüllt, der beinahe unerträglich war. Ich
wurde gewahr,
dass dieser Duft mich in einen
körperlosen Zustand versetzen
konnte und mir in die unsichtbare
Welt hinübergleiten half.*

Omraam Mikhaël Aïvanhov
†1986 Frankreich, spiritueller Lehrer
aus: *Das geistige Erwachen*, Bd. 1
Quelle 19

*Ich bin das Land,
meine Augen sind der Himmel,
meine Glieder die Bäume.
Ich bin der Fels, die Wassertiefe.
Ich bin nicht hier,
um Mutter Erde zu beherrschen
oder sie auszubeuten.
Ich bin selbst Natur.*

Hopi
Volk des Friedens, Quelle 37

in Verantwortung antwort
zum Handeln finden

Albert Muller

Behutsam gleitet Albert Muller seine Hand tief in eine Traube mit mehreren zehntausend Bienen hinein. Sanft schmiegen sich die Insekten um seine Finger, Handfläche und -Rücken wie eine zweite Haut, kitzeln zärtlich mit ihren zerbrechlichen Beinen. »Ziehe ich sie langsam wieder heraus, weichen die Bienen sacht dem Kontakt, schließen die Lücke und verschmelzen erneut in sich selber – ohne mich auch nur einmal gestochen zu haben. Meine Hände sind meine Antennen«, sagt Albert, »und ein Schwarm fühlt sich an wie Honig.«

Bilder entwickeln und sinnlich, körperlich erfahren sind für den niederländischen Imker Albert Muller Wege, um dem Geist des Bien *zu begegnen,* vorstellbar werden zu lassen: »Auch beim Einschlagen eines Volkes kann man das erleben«, erzählt er von seinen Bildern weiter, »man lege nur eine Holzplatte oder einen Tisch vor den Bienenkorb oder -kasten und schlage den Schwarm darauf. Man wird sehen, wie die Bienen zäh wie Honig auseinanderfließen. – Haben sie ihre ersten Waben gebaut, kann ich nicht mehr mit der Hand hineingehen, würde gegen diese stoßen. Der Bien hat mittlerweile eine feste Form angenommen – ganz wie der Honig, der auch nach einiger Zeit zu kristallisieren beginnt.« – Dem 62-Jährigen ist es ein inniges Bedürfnis, seine eigenen Bienen-Begegnungen auch Nicht-Imkern nahezubringen. »Wenn ein Schwarm zu Menschen fliegt, haben sie meist Angst. Werde ich angerufen, um ihn abzuholen, dann lade ich die Leute ein, mit mir zur Traube zu kommen, zeige ihnen den Schwarm, lasse sie beim Einschlagen in die Kiste dabeisein. Durch dieses Erleben verschwindet meist ihre Furcht. – Später bringe ich die handgroße weiße Wabe, die das Volk in den ersten Tagen und Nächten in ihrer neuen Beute gebaut hat, zu den Menschen zurück, zu denen der Schwarm geflogen war. Und viele berichten mir, dass sie nach all den Jahren die Wabe noch immer haben. – Ich glaube, sie spürten Respekt, etwas Heiliges in diesem Augenblick. Und die Wabe erinnert sie daran.«

Albert war 14 Jahre alt, als ein Schwarm in den Garten seiner Eltern flog. Der Junge war sofort fasziniert, wollte ihn behalten. »In diesem Alter hat man nicht allzu viel zu sagen«, erzählt er schmunzelnd, »und da mein Vater die Bienen nicht wollte, rief er einen Imker an und ließ sie abholen. – Glücklicherweise erlaubten mir meine Studienjahre, mich viele Stunden den Bienen zu widmen. Als ich schließlich ein Haus kaufte, wusste ich, dass es an der Zeit war, eigene zu halten. Da das Haus noch nicht einzugsbereit war, stellte ich die Stöcke hinten im Garten meines Vaters ab. Als der Vater kam, fragte er mich: Was soll das, die Bienen stechen doch. Und ich habe ihm geantwortet: Diese Bienen stechen nicht. – Dann bin ich zum Bienenkasten gegangen, habe den Deckel geöffnet und gesagt: Bienen stecht nicht! Sie haben das gehört und auch nicht gestochen. – Und dann gab es eine Person, die konnte mir immer ganz genau sagen, wann die Bienen ausfliegen und um welche Zeit sie zum Flugloch zurückkommen. Das war mein Vater. Er saß den ganzen Tag bei den Völkern und hat sie beobachtet. Als mein Haus schließlich bezugsfertig war und ich die Bienen zu mir mitnehmen wollte, war er sehr enttäuscht. Also brachte ich ihm im folgenden Jahr einen Schwarm in der Beute und stellte diesen in seinen Garten. Er hat es genossen, sie anzuschauen – versorgt habe ich sie!«

Der Niederländer blickt auf eine 33-jährige Erfahrung im Umgang mit Bienen zurück. Sein Hinweinwachsen begann zunächst ganz traditionell wie bei vielen seiner Kollegen. Heute bevorzugt der Biologe das Imkern mit Körben. Der Begriff Imker setzt sich zusammen aus dem niederdeutschen Wort *Imme* für Biene und dem Wort *Kar* für Korb, Gefäß. Diese Behausungen sind weniger praktikabel, und deshalb erfordert der Aufwand bei der Betreuung der Völker und Honigernte zusätzliche Zeit. Korbimker gibt es selten, hier genauso wie in anderen Ländern, z. B. Holland, Alberts Heimat.

Körbe werden nicht nur der Lebensform des Bien gerechter, meint Albert, sie erlauben vor allem uns Menschen, diesen Lebewesen auf gefühlsmäßiger Ebene begegnen zu können. «Bienen sind wichtig, nicht nur wegen des Honigs«, sagt er, »das ist eine schöne und für uns Heil bringende Nebensache. – Bei den Bienen, da spüren

Menschen: Es gibt etwas, das nicht im Materiellen liegt. Das erlebe ich besonders, wenn ich den Korb umdrehe. Dann sieht man in das Tier, sieht die weißen Waben und darauf dunkle Bienen. Selbst Kinder werden in diesem Moment ganz still. Es löst ein Gefühl aus, das viele vorher nie gehabt haben. Sie spüren den Geist des Tieres. Im viereckigen Beutekasten habe ich nur Scheiben, da kann man das nicht wahrnehmen. Wir Menschen haben uns in den vergangenen Jahrzehnten besonders dem Materiellen zugewandt, und leider zeigt sich das auch im Umgang mit den Bienen, die wir nur im Materiellen gezogen haben. Die Begegnung mit Bienen geht aber über das Stoffliche hinaus. In diese Begegnung muss man hineinwachsen, wenn man sie sich wünscht.«

Albert hält ein reichhaltiges Repertoire an Geschichten parat, die Begegnungen zwischen Biene und Mensch wunderbar illustrieren: »Wir haben einen Imkerverein in Holland, wo wir uns regelmäßig austauschen. Eines Tages kommt ein Mönch aus dem nahegelegenen Kloster zu uns. Er hatte bis zum 65. Lebensjahr außerhalb des Klosters als Ökonom gearbeitet, wollte sich nun innerhalb beruflich zur Ruhe setzen. – Das Kloster hatte eine Obstanlage. Und wenn man Obst hat, braucht man auch Bienen, hatte der Abt gedacht. Also ging er zum ehemaligen Ökonom und sagte: *Du bist jetzt Imker.* – *Ich habe aber gar keine Ahnung davon*, erwiderte dieser. *Macht nichts, dann lernst du es eben.* – Also schrieb der Mönch ein Bieneninstitut an: *Ich möchte Bienen haben und dazu imkerliche Instrumente.* – Wenige Tage später kommt ein Auto ins Kloster gefahren und liefert ein Bienenvolk, Beute, Räucherwerk, Kopfschutz, Mantel, Wabenbesen und -zange, und ein Buch übers Imkern. Nach einer Woche setzt sich der Mönch die Schutzbedeckung auf und beschließt, zu den Bienen zu gehen. Er gehört zum Zisterzienserorden, trägt eine lange Soutane, in der er auch arbeitet.« Albert steht auf, bückt sich, zeigt bis zu den Knöcheln – unterstreicht körperlich seine malerische Erzählung: »Schließlich bläst der Mönch Rauch über die Beute und öffnet den Deckel. Er hatte gelesen, er solle die Rähmchen rausholen und die Bienen mit der Feder abschlagen. *Ich denke, ich tue das anders*, sagt sich der Mönch. *Anstatt die Bienen in den Kasten zu schlagen, streife ich sie neben der Beute auf die Erde.* Gesagt getan. Und was passiert? Die Bienen fliegen ihm unter die Soutane, stechen wie wild zu. Sofort reißt er sie sich vom Leib, kann sich nur so retten. – *Ich war froh, dass niemand das gesehen hat*, gesteht der Mönch seinen Imkerfreunden. Das war seine erste Begegnung mit den Bienen. Später«, sagt Albert, »wurde er zu einem hervorragenden Imker. – Und noch ein Beispiel, das von Beziehung mit Bienen erzählt«, schließt er an. »Ein Freund von mir ist Maurer, hat dreißig Völker. Mitten in der Arbeit sagt er: *Ich muss jetzt zu den Bienen* – steht auf, läuft nach Hause, holt zwei Körbe und geht zu ihnen hin. Es waren zwei Schwärme ausgezogen. – Einige Tage später bricht er wieder auf, diesmal mit vier Körben. Es waren vier Schwärme ausgezogen. Der Mann hat eine ganz tiefe Verständigung mit seinen Völkern.«

> *Erfahrungen vererben sich nicht –*
> *jeder muß sie allein machen.*
>
> Kurt Tucholsky
> †1935, Göteborg , Journalist, Schriftsteller
> Quelle 38

Der kundige Imker meint, man sollte erst einmal ein Verhältnis zu Bienen aufbauen, will man sich der Imkerei widmen. Und dazu zählt für ihn, weder mit Kopfschutz noch Handschuhen zu arbeiten – und wenn, nur in wirklich notwendigen Ausnahmefällen. Auf seinem Schreibtisch steht ein kleines Bild, das ihn daran erinnert. Es zeigt eine Biene und einen Imker mit Schleier und Rauch und die Biene sagt: *Wie kann ich meinen Begleiter mal erkennen?*

»Die Bienen kommunizieren mit uns«, weiß Albert. »Wenn bei mir ein Schwarm auszieht, kommen sie an mein Fenster geflogen, klopfen an. Es ist für mich ein Zeichen, sie rufen mich. Ich muss da hin. Noch nie habe ich mich darin getäuscht.« Bevor ich mich entschieden hatte, an diesem Buch zu arbeiten, erzähle ich Albert, kamen über einen längeren Zeitraum vereinzelte Bienen in mein Arbeitszimmer geflogen. Erst als ich mich dieser Aufgabe entschlossen annahm, hörte das auf. »Ja«, antwortet er mir: »Ich bin sicher, solche Dinge finden statt. Ich erlebe das auch mit anderen Tieren, zum Beispiel Schafen. Manchmal rufen sie, teilen sich mit, hier geschieht was, komm mal gucken. Ich weiß dann, da ist irgendwas und folge ihrer Aufforderung. Einmal lief gerade ein Lamm davon. Ich konnte es gerade noch rechtzeitig zur Herde zurückholen. – Ein besonderes Erlebnis hatte ich mit einer Altkönigin. Ich hatte das Volk geschenkt bekommen und mich nun schon ein Jahr um dieses gekümmert, hatte aber in dieser Zeit nicht einmal die Königin gesehen. Sonst sehe ich sie immer, gebe viele Bienenkurse, brauche nur an Gruppen vorbeizugehen, die die Königin suchen, und weiß genau, wo sie ist. Aber bei diesem Volk hatte ich die Königin noch nie gesehen. An sich ist das kein Problem, aber eines Tages sage ich: Wo bist du eigentlich? – Und nach einer kurzen Pause höre ich plötzlich dieses typische *hu hu hu*, was normalerweise nur ein Jungvolk macht, und auf der nächsten Wabe, die ich herausnehme, zeigt sie sich mir. – Ich musste das erst mal ganz ruhig für mich verarbeiten, war überwältigt vom Erlebten!«

Die Begegnung mit Bienen ist aber nicht immer so berührend, kann uns Menschen auch sehr fordern: »Eines Tages war ich mit einem Freund bei den Bienen«, erzählt Albert weiter. »Als ich den Deckel von der Behausung öffnete, griff uns das ganze Volk ohne Vorwarnung an, stach wild auf uns ein. Wir hatten keinen Schutzanzug angezogen und rannten so schnell wie möglich davon, um uns in Sicherheit zu bringen. Nach 150 m ließen sie uns in Ruhe. Wir mussten aber wieder hin, schließlich war die Beute noch immer offen gewesen. Da kann man nicht einfach weggehen, weil man genug hat, man muss sich dem Problem stellen. – Erst als wir wieder zur Ruhe gekommen waren, wagten wir uns zu diesem stechlustigen Volk zurück. Wir suchten nach der Königin, nahmen sie heraus. Sie war das Problem gewesen. Das zeigte sich, als wir 13 Tage später nach dem Volk schauten – mit leichtem Herzklopfen, versteht sich. Es herrschte totaler Frieden.«

Die Menschen werden noch viel von der Natur lernen, meinte Rudolf Steiner. (Rudolf Steiner, *Die Welt der Bienen*, S. 150, Quelle 39) Der Anthroposoph hatte schon in den Dreißiger Jahren vorausgesehen, dass ... *in hundert Jahren die ganze Bienenzucht aufhören würde, wenn man nur künstlich gezüchtete Bienen verwenden würde* (s.o. S.23) ... *denn da werden einfach gewisse Kräfte, die bisher im Bienenschwarm organisch wirkten, mechanisiert.* (Rudolf Steiner, *Die Welt der Bienen*, S. 41, Quelle 39) Schließlich könne sich nicht

*Nicht ohne Absicht
hat die sorgsame Natur
in der Biene die Süße des Honigs
mit der Schärfe des Stachels verbunden.
Sehnen und Knochen hat der Leib;
so sei der Geist auch nicht lauter Sanftmut.*

Baltasar Gracián y Morales
um 1700, spanischer Schriftsteller, Jesuit
aus: *Handorakel und Kunst der Weltklugheit*
Quelle 40

mehr *jene innige Verwandtschaft* (Rudolf Steiner, *Die Welt der Bienen*, S. 41) entwickeln *zwischen der gekauften Bienenkönigin und den Arbeitsbienen, wie sie sich herstellt, wenn die Bienenkönigin von der Natur selber da ist.* (s.o. S. 42, Quelle 39). Steiner glaubte, dass wir Menschen ... *erst den Geist in der Natur sehen* lernen müssen. (s.o. S.150) *In der Natur ist nämlich ein merkwürdiger Zusammenhang zwischen allem. Da sind diejenigen Gesetze, die der Mensch mit dem gewöhnlichen Verstande nicht durchschaut, eigentlich am allerwichtigsten.* (s.o., S.39,40)

Das Gift der Bienen dient aus Alberts Sicht nicht nur zum Schutze des eigenen Volkes, sondern »ist Träger der Seele, damit beseelt sie die Pflanzen und Landschaft und unterstützt damit das Leben der Erde. – Wenn Bienenvölker in eine Gegend kommen, wacht das Pflanzenwachstum auf, die Sortenvielfalt nimmt zu und sie beginnt, sich weitläufig zu regenerieren – die Welt wird an dieser Stelle ein Stück besser. Vor fünf Jahren gab es das große Bienensterben«, erzählt er weiter, »es war eine Bienenwüste.

Ein Freund von mir hatte 13 Schwärme eingeschlagen – aber alle zogen wieder aus, verteilten sich weiträumig in der Landschaft. Keiner blieb. Und sie zogen genau dorthin, wo sie gebraucht wurden. Da wurde mir klar: Einer der Aufträge der Bienen war das Beleben der Landschaft.«

Albert Muller ist Lehrer an einer Berufsfachschule für Landwirtschaft, wo er teilweise auch körperlich oder geistig behinderte Schüler im Alter von 12 bis 16 Jahren unterrichtet. Den Bienen widmet er viel Zeit und Energie seines Lebens. Der einstige Nebenerwerbs- und heutige Selbstversorgerimker reist zwischen Deutschland und Holland hin und her, bietet sein reichhaltig erfahrenes Wissen in Vorträgen und Seminaren an, berät, wie man Bienen artgerecht züchtet, engagiert sich in seinem lokalen Verein für eine biologisch-dynamisch geführte Imkerei und forscht in einem kleinen Zirkel geistesverwandter Kollegen. Welche Bienen schwärmen mit der Königin aus, welche verbleiben im Stock? Dieser Frage wird sich Albert in den kommenden Jahren widmen. »Ich glaube, es sind jene Bienen, die in der unmittelbaren Nähe der Weiselzelle geboren sind. Die Bienen bauen die Königinnenzellen aus dem Wachs, den sie von benachbarten Zellen abnagen, sowohl von Arbeiterinnen- als auch Drohnenzellen, nie von den frischen weißen Waben. Wenn sich das bewahrheitet, dann würde das bedeuten, dass genau jene Bienen im Materiellen wie Geistigen zusammengehören und deshalb auch den neuen Schwarm bilden werden.

Die Biene lebt uns vor, wie alles bei uns Menschen gehen soll«, weiß Albert. »Bei den Recherchen zu einem meiner Vorträge stieß ich zum Beispiel auf ein Buch von einem Mönch aus Belgien um 1750. Der beschreibt das Volk, den Bienenstaat und gleichzeitig wie sich die Menschen verhalten sollen. Hierarchie, Pabst, König – er hat sich das Bienenvolk angeschaut und auf die Menschen übertragen. Das ist nur natürlich, so ist der Mensch. Aber was ich sehe und was ich sehen will, ist zweierlei. Das ist ein großer Unterschied. In meinen Augen hat er sich das zu einfach gemacht und hineininterpretiert.« Das scheinbar zölibatäre Leben der Arbeiterinnen, ihr schier unerschöpflich erscheinender Arbeitswille und hingebungsvolles Dasein fürs Allgemeinwohl unter königlicher Führerschaft sowie die Selbstaufopferung zum Schutze der Gemeinschaft bietet in gewisser Hinsicht eine ideale Plattform für eine solche Sichtweise. Und so wundert es wenig, dass für ägyptische Pharaonen Bienen Zeichen der Königswürde waren. 300 goldene Bienen fand man im Grab *Chlodwig I*, des fränkischen Königs, der 481 nach Christus gestorben ist. Und *Napoleon I* (†1821 St. Helena)

*Indem ihr
die Göttin willkommen heißt,
wird sich euch
die Lebendige Bibliothek auftun
und euch die Geheimnisse lehren,
die tief in der Brust von Mutter Erde liegen,
denn wer ist die Erdenmutter,
wenn nicht die Göttin selbst?*

Barbara Marciniak
Medium Plejadischer Botschaften
aus: *Die Plejadischen Schlüssel, S. 121*, Quelle 53

ließ auf seinem purpurnen Krönungsmantel und den Wandtapeten seines Palastes Bienen anbringen – glaubte man doch in diesen Zeiten, dass die Bienenkönigin ein König sei.

Es ist schon so, dass man nur zurechtkommt mit den Bienen, wenn man über den bloßen Verstand hinausgeht und mit einer gewissen inneren Anschauung die Sachen tatsächlich verfolgt, äußerte sich Rudolf Steiner Anfang Dezember 1923 in einem seiner Vorträge im schweizerischen Dornach (Rudolf Steiner, *Die Welt der Bienen*, S.114, Quelle 39). *... im Bienenstock* lebe *eine ungeheure Weiseit*, sagte Steiner, *er ist nicht nur dieses Häuflein einzelner Bienen, sondern der Bienenstock hat wirklich eine konkrete eigene Seele. ... Der Bienenstock habe ein ganz merkwürdiges, eigentümliches Leben,* veranschaulichte der Anthroposoph seinen Zuhörern ... *das können Sie überhaupt nicht erklären, wenn Sie nicht die Möglichkeit haben, ins Geistige hineinzuschauen. Das Leben im Bienenstock ist außerordentlich weise eingerichtet.* (Rudolf Steiner, *Die Welt der Bienen*, S.16/17, Quelle 39) *... es beruht ja darauf, dass die Bienen so ganz richtig, ..., zusammenwirken, dass sie alle Arbeit so verrichten, dass das alles zusammenstimmt. Und wenn man dann darauf kommen will, wovon das herrührt, dann sagt man sich:* (s.o., S.17) *... indem bei den Bienen das Liebesleben zurückgedrängt wird, eigentlich nur auf die einzige Bienenkönigin, wird das Geschlechtsleben sonst im Bienenstock verwandelt zu all diesem Treiben, das die Bienen untereinander entwickeln.* (s.o. S. 17/18) *... Die Bienen ... sind ganz hingegeben dem Einfluss des Planeten Venus, entwickeln das Liebesleben in ihrem ganzen Bienenstock. ... Der ganze Bienenstock ist eigentlich von Liebesleben durchzogen.* (Rudolf Steiner, *Die Welt der Bienen*, S.18, Quelle 39) – Der Anthroposoph hatte seine ganz eigenen Ansichten über das Dasein dieser Insekten entwickelt und vielfach vorgetragen. Vor allem war er überzeugt: *... empfinden kann man die Bienen nur, wenn man viel studiert, was eigentlich zwischen dem Menschenhaupt und seinem Körper vor sich geht.* (s.o., S.43) Und er erklärt es an einer Stelle zum Beispiel so: *... im Menschenkopf drinnen haben wir Nerven, Blutgefäße und dann auch einzeln liegende sogenannte Eiweißzellen ...* (s.o. S.36) *Und wenn sich die Nervenzellen des menschlichen Kopfes nach allen Seiten würden entwickeln können unter denselben Bedingungen wie der Bienenstock, dann würden die Nervenzellen Drohnen werden. Die Blutzellen, die in den Adern fließen, würden Arbeitsbienen werden. Und die Eiweißzellen, die besonders im Mittelkopf vorhanden sind, die machen die kürzeste Entwicklung durch, die lassen sich der Königin vergleichen. Sodaß wir im Menschenkopf drinnen dieselben drei Kräfte haben.* (s.o. S.36)

Das Ei der Königin benötigt zur vollständigen Reife nur 16 Tage, während sich eine Arbeiterin einundzwanzig Tage lang entwickelt. Drei Tage nach der Bestiftung erwächst sie zur Larve. In ihrem sechs Tage währenden Dasein als Made wird sie drei Tage mit Futtersaft und drei Tage mit einem Honig-Pollen-Gemisch genährt, dem Bienenbrot. Nach neun Tagen werden die Wabenzellen mit Wachs überdeckelt. In der dunklen Zelle streckt sich das angehende neue Wesen drei Tage, weshalb sie dann auch Streckmade genannt wird und spinnt sich zur Puppe ein, um nach weiteren zwölf Tagen als Jungbiene zu schlüpfen. Die Drohnen wiederum brauchen am längsten, bis zu vierundzwanzig Tagen, da sie sich drei Tage länger als Made strecken.

Ist die Drei bzw. der durch drei dividierbare Zahlenrhythmus im Zusammenhang insbesondere der Entwicklungsphasen der Arbeiterinnen und Drohnen reiner Zufall? Im Christentum sprechen wir von der Dreifaltigkeit: Vater, Sohn und Heiliger Geist. Gegenwart, Zukunft und Vergangenheit – oder Höhe, Länge, Breite sind Ausdruck der Schöpfung. Es heißt, die Welt besteht aus drei großen Bereichen, dem Himmel, der Unter- und Menschenwelt, die ihrerseits wiederum in drei Welten geteilt werden könnten, woraus sich die Neun ergibt. Auch sprechen wir von drei Lebensphasen, Jugend, Entfaltung und Alter. Drei ist auch die Zahl, die dem Menschen zugeordnet werden kann, soll er doch aus Körper, Seele und Geist bestehen, aus drei Prinzipien, Wollen, Fühlen, Denken, – und in gewisser Weise auch dem Bien, setzt er sich doch aus drei Wesen zusammen: den Arbeiterinnen, Drohnen und der Königin.

Nun, *die Arbeitsbienen, die bringen das, was sie an den Pflanzen sammeln, nach Hause,* kann man bei Herrn Steiner über den Vergleich zum Menschen weiterlesen, *verarbeiten es in ihrem eigenen Körper zu Wachs und machen da diesen ganzen wunderbaren Zellenaufbau. Das machen die Blutzellen des menschlichen Kopfes auch! Die gehen vom Kopf in den ganzen Körper. Und wenn Sie sich zum Beispiel einen Knochen ansehen, ein Knochenstück ansehen, so sind da überall diese sechseckigen Zellen drinnen. Das Blut, das in dem Körper herumzirkuliert, das verrichtet dieselbe Arbeit, die die Bienen im Bienenstock verrichten.* (s.o. S.36/37) ... *Sodass das Blut auch die Kräfte hat, die eine Arbeitsbiene hat.* (S. 37) ... *die Eiweißzellen, das sind diejenigen Zellen, die schon in den frühesten Entwicklungszeiten des Embryos vorhanden sind* (s.o. S.37) ... *die Blutzellen, die entstehen etwas später, und zuletzt entstehen die Nervenzellen. Gerade so, wie es im Bienenstock drinnen geschieht! Nur dass der Mensch sich einen Leib aufbaut, der scheinbar zu ihm gehört, und die Biene baut auch einen Leib: das sind die Waben, die Zellen.* (Rudolf Steiner, *Die Welt der Bienen*, S.37, Quelle 39)

Der *Leib des Bien*, die Wabe, ist ein architektonisches Meisterstück und bleibt vielleicht ein immerwährendes Mysterium für sich. Kaum hat ein Schwarm seine neue Wohnung angenommen, finden sich flugs viele Einzelwesen zusammen, die instinktiv um ihre Aufgabe wissend sich als Gemeinschaft aufmachen und dieses grandiose Wunderwerk *vom Himmel abwärts zur Erde* in Form eines weißen Herzens modellieren. – Weiß ist physikalisch gesehen die Summe aller Farben und symbolisiert Reinheit, Licht oder auch Unschuld: *Christus*, das weiße Lamm; weiße Rinder in Indien gelten als die Verkörperung des Lichts; als weiße Taube zeigte sich der *Heilige Geist*; Weiß gilt immer als das Gute. – Die sich dazu Berufenen sind weitestgehend junge Bienen. Sie verhakeln ihre Beine ineinander und bilden eine lange Kette. Die Unteren dieser Traube schwitzen bei einer Wärme von 39°C winzige Wachsplättchen aus, die gerade mal 0.0008 g wiegen, und reichen diese über ihre sechs Beine und zwei Mandibeln nach oben weiter. Jetzt wird das Wachs von den dortigen Mitschwestern mit Hilfe von Sekreten aus den Speichel- und Oberkieferdrüsen ordentlich durchgeknetet, schließlich am oberen Grenzbereich der Behausung installiert und senkrecht nach unten gebaut. Etwa 100.000 Bienen sind nötig, um ein Kilogramm Wachs herzustellen. Bemerkenswert ist, dass sich mehrere Bienen-Bautrupps gleichzeitig und an verschiedenen Stellen bilden, um mit der Konstruktion der Wabe zu beginnen, sich dann aber – wie auf magische Weise – alle in der Mitte treffen, und sich dadurch die Wabe durch kollektive Einheit kunstvoll zu einem Ganzen zusammenfügt. »Alle anderen Tiere benutzen oder ergänzen Materialien von außen (die Wespen Holz, Ameisen Steine und Holz, ...) einzig

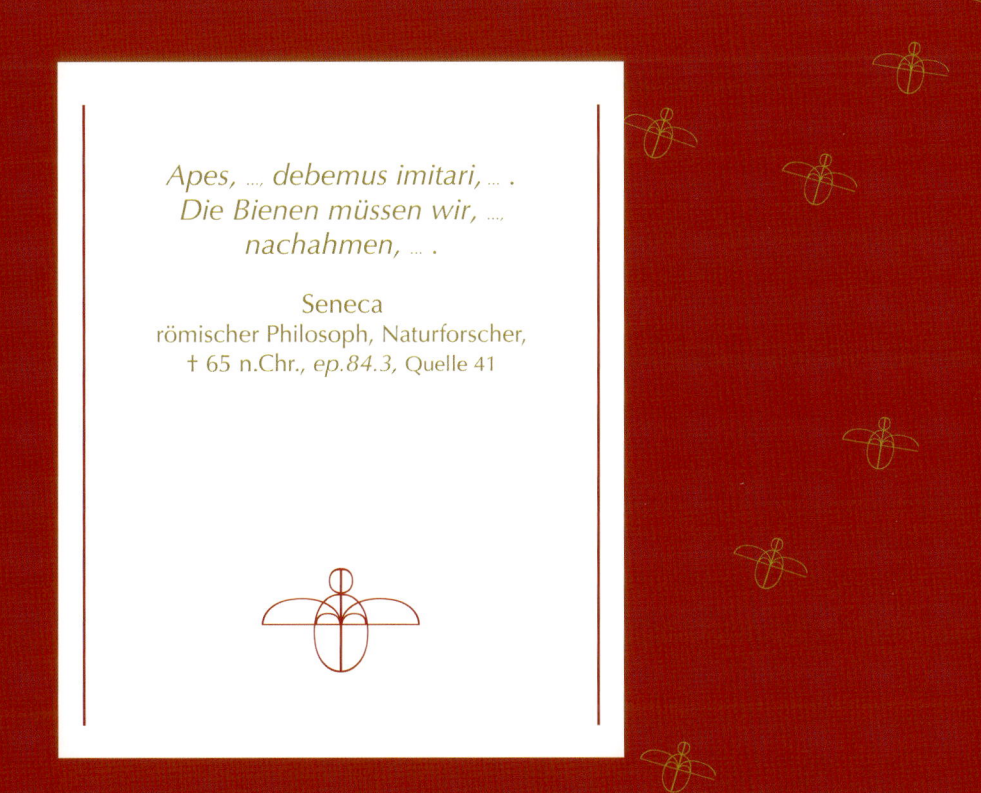

Apes, ..., debemus imitari, ...
Die Bienen müssen wir, ...,
nachahmen, ...

Seneca
römischer Philosoph, Naturforscher,
† 65 n.Chr., *ep.84.3,* Quelle 41

Bienen sind in der Lage, jene Substanzen, die sie brauchen, ausschließlich aus sich selbst heraus zu produzieren. Das macht auch den Bien so besonders«, bewundert Albert die Insekten.

Und nicht nur das: Die Bienen haben einen Weg gefunden, bei geringstem Materialaufwand und Gewicht höchste Stabilität zu erreichen. Eine federleichte und leicht zerbrechliche Wabe aus 4o g Bienenwachs kann zum Beispiel 2-3 Kilogramm Honig aufnehmen. Deshalb nutzt man diese Bauweise selbst in der Raumfahrt. Die weiblichen Bienen konstruieren die Wabe aus vielen kleinen Einzelzellen in Form regelmäßiger Sechsecke. Die geometrische Form des Hexagons erlaubt, lückenlos aneinanderzureihen, und damit eine vorhandene Fläche maximal auszunützen. Die Genialität ihres Baus erreicht einen weiteren Höhepunkt, bedenkt man, dass eine Wabe zwei Seiten hat, die Bienen also die hexagonale Struktur gleichzeitig auch auf der *Rückseite* der Zellen konstruieren, allerdings hier um eine ½ Zelle versetzt. Durch diese Entscheidung sparen die Insekten zusätzlich an notwendigen Baumaterialien. – Halten wir übrigens eine weiße Wabe gegen das Licht, sehen wir die rückseitige Zelle mit ihrem innewohnenden Stern, der zum Symbol eines großen deutschen Autoherstellers wurde und auch die Form moderner Windräder trägt.

Aber sind es nun wirklich die Bienen, die sechseckig bauen, oder spielen eventuell ganz andere Gesetzmäßigkeiten eine Rolle? Neuesten Erkenntnissen des *Vereins Bienenforschung Würzburg e.V.* um den Forscher Jürgen Tautz zufolge seien die Insekten weit weniger beteiligt als angenommen: *Wir konnten nachweisen, dass eine Kombination aus einem sozusagen intelligenten Werkstoff – dem Wachs – und einem bestimmten Verhalten der Biene für die regelmäßige Struktur der Waben verantwortlich ist,* erklärt Prof. Tautz. *Denn eigentlich bauen die Bienen ihre Zellen rund; erst wenn ein darauf spezialisiertes Tier das Wachs auf 45 Grad Celsius erwärmt, nimmt der Bau von alleine die regelmäßige sechseckige Struktur an.* (www.biologie.uni-wuerzburg. de/aktuelles/archiv1/single/artikel/wenn-biene/) Albert Muller steht diesen Erkenntnissen skeptisch gegenüber. »Ich finde es zu einfach, wenn man sagt, da wird das Wachs von den Bienen gekaut und dann springt ein Sechseck dort hinein. Ich glaube, dass hier noch nicht das letzte Wort gesprochen ist.«

Tauchen wir einen weiteren Augenblick in die Welt der Symbole ein, jene Welt, die versucht dem Immateriellen, Nicht-Darstellbaren, durch Form einen bildhaften Ausdruck zu verleihen – erlaubt sie uns doch dadurch den Blick auf Gegebenes einmal von einer ganz anderen Perspektive zu betrachten. Und so können wir lesen, dass im Chinesischen die Sechs das Universum mit seinen vier Himmelsrichtungen sowie dem Oben und Unten ausdrückt. Im Buddhismus differenziert man die Welt in sechs Daseinsbereiche. Nach christlichen Vorstellungen schuf Gott die Welt in sechs Tagen. Sechs symbolisiert auch die Einheit der Polarität – wie wir im Folgenden lesen werden – und vielleicht war sie deshalb für Pythagoras die vollkommenste Zahl. – Vollkommen sind auch die Gaben, die uns die Bienen durch ihr Dasein bescheren: Wachs, Pollen, Propolis, Honig, Gelee Royale und Bienengift – sechs an der Zahl, eine jede meisterhaft und unübertroffen für sich.

Die Zahlen gehören der Welt der Prinzipien an, lehrte der Philosoph Omraam Mikhaël Aïvanhov. (Omraam Mikhaël Aïvanhov, *Die geometrischen Figuren*, S.65, Quelle 41b) Und *die geometrischen Figuren sind der konkrete Ausdruck der Zahlen. ... Beim Herabsteigen auf die physische Ebene werden sie zu geometrischen Figuren. Die Vier zum Beispiel das Viereck, die Fünf das Pentagramm, die Drei das Dreieck, die Zwei der Winkel, die Eins der Punkt, ...* (s.o., S.65). *... Seit alters her haben die Menschen immer wieder nach einer universellen und zugleich synthetischen Sprache gesucht. Bei ihrem Suchen haben sie Bilder und Symbole entdeckt, die – auf das Wesentliche reduziert – die tiefsten und vielschichtigsten Realitäten ausdrückten. Diese Erfahrung könnt auch ihr machen. Wenn ihr lange über ein Thema meditiert, werdet ihr feststellen, dass sich in eurem Unter- oder Überbewusstsein eine symbolische Form – die eines Gegenstandes oder einer geometrischen Figur – herauskristallisiert, die genau der Idee, dem Gedanken, der Wahrheit entspricht, mit der ihr euch befasst.* (s.o., S.11). *Um zu verstehen, wie dieser Vorgang möglich ist, muss man wissen, dass die Struktur eines Menschen das ganze Universum widerspiegelt. Im Menschen spiegelt sich all das wider, was im Himmel, in der Hölle und auf Erden existiert.* (s.o., S.12) Und deshalb sei die Auseinandersetzung mit Symbolen laut Herrn Aïvanhov ... *von besonderer Wichtigkeit, denn das Symbol ist die der Natur eigene Sprache. Für die meisten Menschen ist diese Sprache noch unverständlich.* (s.o., S.13) Schließlich stelle *die symbolische Sprache, die auch die universelle Sprache ist, ... die Quintessenz der Weisheit dar.* (s.o., S.15) *Die Welt der Symbole ist die Welt des Lebens. Das Leben wirkt mit Symbolen und manifestiert sich in ihnen: Jeder Gegenstand ist ein Symbol, dem das Leben innewohnt. Um dem Leben auf den Grund*

*Symbolisch kann der Würfel dem Viereck gleichgestellt werden.
Es ist die Vier, die Zahl der Materie, der vier Elemente. Der Würfel
veranschaulicht alles, was fest und dauerhaft in der Materie verankert ist. ...
In dem zweidimensionalen Raum entsteht aus dem Würfel ein Kreuz.
Die christlichen Kirchen sind meistens nach dem Grundriss
eines Kreuzes errichtet worden, eben deshalb, weil sich das Kreuz aus dem
aufgefalteten Würfel entwickelt. Die Kirche sollte die dauerhafte
Verwurzelung der Lehre Christi auf Erden darstellen.
Als völlig in sich geschlossene Figur symbolisiert der Würfel auch Begrenzung
und Gefängnis. Deswegen bedeutet das aus dem Würfel entwickelte Kreuz
auch Beschränkung, Leiden. Der Würfel ist aber nur die Basis der Pyramide.
Auf dieser Basis ruhen vier Dreiecke. Im Vergleich zu dem Viereck, dem
Symbol der Materie, ist das Dreieck das Symbol des Geistes.
... vier plus drei ergibt sieben. Seid ihr euch dessen bewusst, dass auch ihr die
Zahl sieben darstellt? Euer Kopf ist die Drei, eure zwei Arme und Beine
sind die Vier. Die Drei ist über die Vier gestellt. Um ein Lebewesen zu bilden,
vereinigt sich die Drei mit der Vier. ... Ist die Drei noch nicht in der
Materie verwirklicht, dann schwebt sie oben in Form einer Idee. Habt ihr eine
Idee, dann ist es die Drei. Wenn ihr sie auf der materiellen Ebene konkretisiert,
dann wird sie zur Vier. Aus ihrer Vereinigung heraus ergibt sich die Sieben
und die Sieben ist der Mensch. Die Sieben ist das Symbol des vollkommenen
Menschen, vollkommen insofern, als er den Menschen in seiner Gesamtheit
zum Ausdruck bringt: Geist und Materie. Aus diesem Grund
sagen die Eingeweihten, der Mensch sei der Schlüssel zum Universum.
Was ist ein Schlüssel? In zahlreichen esoterischen Zeichnungen tauchen
immer wieder bestimmte Figuren auf, die einen Schlüssel in Form
eines Dreiecks auf einem Kreuz in der Hand halten. Es ist das gleiche
Symbol wie die Pyramide: die Vier, die von der Drei gekrönt ist, also die
dem Geist untergeordnete Materie.*

Omraam Mikhaël Aïvanhov
französischer Philosoph bulgarischer Herkunft , † 1986 Frankreich
aus: *Die geometrischen Figuren*, S.114ff
Quelle 41b

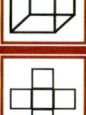

Makro-Blicke auf das Mysterium der Waben; beim genauen Betrachten lassen sich viele geometrische Figuren entdecken: Dreieck, Würfel, Hexagramm, Kristall – alles nur Zufall?

zu gehen, muss man sich mit Symbolen auseinandersetzten und umgekehrt, um die Symbole zu entdecken und deren Inhalt wahrzunehmen, muss man das wahre Leben leben. (s.o., S.17) *... Arbeitet mit etwa zehn Symbolen, dann werdet ihr euch die gesamte Wissenschaft aneignen,* rät er seinen Schülern. (s.o., S.18)

Das Hexagon – die sechseckige Zellenform – finden wir im Hexagramm, den zwei ineinander verwobenen gleichschenkligen Dreiecken, dass uns im besonderen Maße als Symbol des jüdischen Volkes bekannt ist – und zwar indem wir deren Spitzen miteinander zum Sechseck verbinden oder unseren Blick auf die Mitte der Form konzentrieren.

Nur das gleichseitige Dreieck vermittelt die Vorstellung vollkommener Harmonie, sagte Herr Aïvanhov. Es ist *das Symbol des völlig ausgeglichenen Menschen, weil es eben diese Übereinstimmung zwischen den drei Prinzipien – dem Intellekt, dem Herz und dem Willen – zum Ausdruck bringt.* (Omraam Mikhaël Aïvanhov, Die geometrischen Figuren, S.66f, Quelle 41b) *Das Ideal des Verstandes ist die Weisheit, das des Herzens die Liebe, das des Willens die Kraft. Kraft, Liebe und Weisheit sind die drei Attribute, die die Gottheit kennzeichnen. In der Kraft der Liebe und der Weisheit haben wir die wirkliche Dreifaltigkeit.* (s.o., S.67) Damit ist *das gleichseitige Dreieck ... das Symbol des harmonisch entwickelten Menschen, es ist auch zugleich ein Symbol der Gottheit.* (s.o., S.68)

Die Dreiecke symbolisieren auch den Abstieg des Geistes in die Materie und dessen Aufstieg aus der Materie. *Sie lehren uns, ...* unterrichtet der von mir sehr geschätzte Lehrer Omraam Mikhaël Aïvanhov, *wie wir uns bis zur Gottheit erheben, um mit ihr zu verschmelzen, aber gleichzeitig auch, dass wir sie auf uns lenken sollen, damit sie in uns wohnt und sich uns offenbart.* (Omraam Mikhaël Aïvanhov, Weihnachten und Ostern in der Einweihungslehre, S. 83f, Quelle 41a) Damit seien sie eine symbolische Ausdrucksform, die *... den Vorgang der Auferstehung anschaulich machen.* (s.o., S.84) Das untere Dreieck, mit seiner Spitze gen Himmel weisend, symbolisiert auch das weibliche Prinzip, Quelle allen Werdens, die dem Mysterium der Schöpfung zugeordnet ist; das Obere, mit seiner Spitze nach unten das männliche. *Warum? Weil das weibliche Prinzip, die Materie, sich immer zum Himmel, zum Geist hinwendet. Sie erwartet, dass der Geist komme, um sie zu befruchten.* (Omraam Mikhaël Aïvanhov, Die geometrischen Figuren, S.70, Quelle 41b) *... Das männliche Prinzip hingegen, der Geist, ist nach unten gewandt: Er kommt herab zu der Materie, um ihr alles zu bringen, was er besitzt. Die Widerspiegelung*

*In Wahrheit war ich ein Bienenkorb,
als die hoch gelobte Biene,
der Sohn Gottes,
in meinem Schosse Einkehr fand.*

Offenbarung von Maria an
Brigitta von Schweden
Mystikerin um 1400, Quelle 42

dieses Symbols ist überall in der Natur zu finden, auch in der Körperhaltung von Mann und Frau bei der Zeugung eines Kindes: *Die Frau schaut nach oben, der Mann nach unten.* (s.o., S. 71)

Und in der Mitte, dem Hexagon, verschmelzen die b*eiden gegensätzlichen* Welten – zu der auch die sichtbare und unsichtbare zählen – ineinander, bilden ein Ganzes, die Einheit. Diese Vereinigung spiegelt sich in vielen Traditionen oder Disziplinen wider: im Hinduismus für die der Geschlechter; in der Alchemie für die von Feuer und Wasser, wobei hier das Feuer für das *nach oben Strebende,* das männliche Prinzip, und Wasser für das *nach unten Drängende,* das weibliche Prinzip steht. (*Von Natur aus ist der Geist tatsächlich in symbolischer Verbindung mit den hohen Sphären und die Materie mit den niedrigen. Hier muss jedoch die symbolische Darstellung umgekehrt werden, um die Tätigkeit dieser beiden Prinzipien darstellen zu können: Der Geist, der oben ist, steigt herab zur Materie, um an ihr zu arbeiten, während die Materie, die sich unten befindet, zum Geist aufsteigt, um verfeinert zu werden.* (Omraam Mikhaël Aïvanhov, *Die geometrischen Figuren*, S. 71,

Quelle 41b)) Und auch das Herzchakra wird symbolisch als ein Hexagramm dargestellt, als Symbol der Urkraft des Universums – der Liebe – in dem sich Himmel und Erde berühren.

Und auf diesen Spuren wandeln auch *Der Pfad des Pollens* und die sehr alte, im Verborgenen wirkende *Schwesternschaft des Bienenstocks*, ein *Sammelbegriff für alle Frauen, die so arbeiten, egal wo sie sind.* (Simon Buxton, Der Weg des Bienenschamanen, S.104, Quelle 15) *Wir – Männer – sind Gäste der Bienentradition,* unterweist der Bienenmeister Bridge seinen späteren Nachfolger Simon Buxton, *und die Melissae sind unsere Gastgeberinnen, denn die Bienengesellschaft stellt den Zenit der weiblichen Potenz der Natur dar.* (s.o., S.102, Quelle 15) ... *Die verborgene Schwesternschaft reicht zurück bis ins Alte Griechenland. Ihre »leibhaftigen Repräsentantinnen ... stehen ... mit dem großen Orakelzentrum von Delphi in Verbindung, einem Konzentrationspunkt uralter weiblicher Kräfte, der von der Pythonesse Delphine regiert wurde.* (s.o., S.104, Quelle 15) *Pythia*, die weissagende Priesterin im Tempel von *Delph*i, wurde auch *Delphische Biene* genannt. Der Überlieferung zufolge sollen am Eingang des Tempels von Delphi die Inschriften: *Erkenne dich selbst* und *Nichts im Übermaß* angebracht gewesen sein. (http://de.wikipedia.org/wiki/Orakel_von_Delphi) – Auch im *Eleusis-Kult,* einem alten griechischen Initiation- und Weiheritus, nannten sich die Priesterinnen *Bienen* und ihren Tempel *Bienenstock*. Und die keuschen Priesterinnen der griechischen Göttin *Artemis* wurden ebenfalls *Melissai* – Biene – genannt. In mythologischen Schriften der Griechen können wir nachlesen, dass die *Nymphe Melissa* den Jüngling *Zeus* – den höchsten griechischen Himmelsgott – mit Honig aus geplünderten Bienenstöcken genährt hatte, als dieser zum Schutze vor seinem eigenen Vater versteckt gehalten wurde. Als dies bekannt wurde, verzauberte man sie in ein Insekt. Aus Mitgefühl für ihr Schicksal, galt ein Insekt doch als niedriges Wesen, verwandelte *Zeus Melissa* später in eine Honigbiene. Für den *Pfad des Pollens* bedeute es allerdings mehr, *... als auf die Götter aufzupassen und Honig herzustellen,* unterrichtet der Bienenmeister seinen Adepten weiter. *Melissa war auch die Göttin des Rausches und der sexuellen Leidenschaft.*

Der römische Gelehrte Plinius soll schon vor 2000 Jahren geschrieben haben, dass den Bienen keine Blüten lieber seien als die der Melisse, und so bezeichnet man die Pflanze auch als *Bienenkraut*. Reibe man die Beuten damit ein (heißt es bei Sagen.at) könne man die Bienen im Stock halten, und um nicht gestochen zu werden, *trage man Melisse in den Händen oder mache ein Kränzlein davon.*

Die Melissae arbeiten mit ihren inneren Sternen,
von denen jeder auf einen äußeren abgestimmt ist
und mit spezifischen Körperdrüsen in Verbindung steht,
mit der Zirbeldrüse, Hypophyse, Schilddrüse,
Nebenschilddrüse, Thymus, Bauchspeicheldrüse,
Nebenniere und Eierstöcken.
Ihre Arbeit besteht darin,
Nektare herzustellen.
Diese Nektare werden produziert,
wenn eine Melissa zu einer Blume wird,
wenn sie wird zu Eine-die-Fließt,
zur flower, zur Fließenden.

Die Bienenmeisterin
aus: *Der Weg des Bienenschamanen*, S.116, Quelle 15
von Simon Buxton

*Ich
glaube
nicht an Gott,
weil ich ihn niemals
gesehen habe. Wenn er
wollte, dass ich an ihn glaube,
dann würde er sicherlich kommen
und mit mir sprechen. Er würde durch meine
Tür kommen und sagen: Hier bin ich! Aber wenn
Gott der Bienenstock ist und die Honigbiene und Pollen
und Nektar und Sonne und Mond, dann glaube ich an sie
und glaube an sie in jedem einzelnen Moment, und mein
Leben ist ein Gebet und eine Feier und eine Kommunion
mit den Augen und durch die Ohren. Ich ehre sie, indem
ich spontan lebe, als eine Frau, die ihre Augen öffnet
und wahrhaft sieht, und ich nenne sie den Bienenstock und die Honigbiene und den Pollen und
die Sonne und den Mond, und ich liebe
sie, ohne an sie zu denken, und
ich denke an sie, indem ich
sehe und höre, und
ich bin mit ihr,
ich.*

Die Bienenmeisterin
ihre Version von *O Guardador de Rebhanhos* von Fernando Pessoa,
(Pessoa 1973)
aus: *Der Weg des Bienenschamanen*, S. 74, Quelle 15
von Simon Buxton

Beides kann als Zugang zur Kommunion mit allem Leben dienen, und genau dies ist der archaische Impuls, den sie noch immer übermitteln. Beachte, Twig (Anmg.: Kosename des Bienenmeisters für seinen Adepten Simon Buxton), *dass die Biene die Copula, das Bindeglied, zwischen den männlichen und weiblichen Bestandteilen in einer Blüte ist.* (s.o., S.104f)

Die Bienenmeisterin weiß, dass alles aus der Frau geboren wird, hört der Aspirant von der Hüterin der Bienen im weiteren Verlauf seiner Einweihungen: (Simon Buxton, *Der Weg des Bienenschamanen*, S.112f, Quelle 15) *... Was für dich das Universum ist, ist für uns das Yoni-Versum, ... Das Männliche hat niemals irgendetwas geboren. Das Männliche mag Samen, mag Konzept sein, aber ohne den Empfang, ohne die Aufnahme und ohne Kreativität gibt es keine Geburt. Und so sehen wir die Große Yoni als die Leere, als uranfänglichen, ewigen Elternteil, der Urgroßmutter und Urgroßvater enthält, und wir sehen den Urbeginn der Lehren, welche die alchemistische Sexualität betreffen, in der sich unsere Welt als sexuelles Zentrum des Universums offenbart. In der Großen Leere gab es etwas innerhalb des Nichts, ein reines Licht des Herzens, Energie in geistiger Form, und daraus hervorgehend Atem, Einatmen, Aufnahme, Urgroßmutter, das Weibliche, das Ei, das Empfängliche, das Schöpferische. Und dann das Ausatmen, die Explosion, den Samen, das Aktive. Der Elternteil erkannte sich in seinen beiden Teilen und machte Liebe, und daraus erschuf er sich selbst in allen Formen und Dingen. Dies ist das Yoni-Versum, in dem wir unser Dasein haben, und das ist der weitere Zusammenhang für das, was folgt. ... Für die meisten Menschen im Westen ist die Yoni nichts als Sünde, Scham und Feigenblatt! Aber die Yoni ist kein passives Gefäß, sondern eine Intelligenz, und die Arbeit, die mit dieser Intelligenz getan wird, ist unser Dreh- und Angelpunkt. Keine Religion war in ihrer Praxis für Frauen gut, alle stehen für jahrhundertelange Unterdrückung. Die Frauen auf dem Pfad des Pollens sind voll und ganz in ihrer eigenen Kraft. Nicht so wie Frauen heutzutage, wenn sie bei dem Versuch, jene Macht zu erlangen, die ihnen genommen wurde, die Männer nachahmen. Die Sonne und die Erde konkurrieren nicht, sie sind Gegensätze. Schau dir die Natur an: Wir sehen, dass der Gegensatz das größere Ganze, die Harmonie hervorbringt. Wettbewerb zerstört. Die Melissae konkurrieren nicht mit Männern, sondern sie wissen, dass ihre Kraft, ihre Macht als Frauen darin liegt, dass sie sinnlich, sexuell, lustvoll, leidenschaftlich, sogar lüstern sein können, und das macht sie nicht zu Objekten, weder für dich noch für irgendeinen anderen Mann. Tatsächlich ist es ihre Macht, die alles zur Welt bringt: Sexualität, Emotion, Geist, Körper und Seele. Unser Schatz liegt im Bienenkorb unseres Wissens, denn wir sammeln geistigen Honig.*

Und *das Symbol eines großen Eingeweihten, eines wahren großen Meisters, sei laut Omraam Mikhaël Aïvanhov die Androgynie.* (Omraam Mikhaël Aïvanhov, *Weihnachten und Ostern in der Einweihungslehre*, S.73f, Quelle 41a) *Sie bedeutet, dass er ein Wesen ist, welches das männliche und das weibliche Prinzip in vollkommener Ausgeglichenheit in sich trägt. Wenn das göttliche Kind in ihm geboren werden soll, muss er gleichzeitig Vater und Mutter, Mann und Frau sein. Als Vater löst er den Vorgang der Zeugung aus, als Mutter nährt und formt er das Kind. Ein Eingeweihter ist ein Mensch, der in der Fülle lebt, dem nichts fehlt, er besitzt beide Prinzipien und sucht nicht zeitlebens seine andere Hälfte, wie es die meisten Menschen tun. Die Tatsache, dass die Welt nur von Hälften bevölkert ist, die einander suchen, ist übrigens ein Beweis dafür, dass die Menschen noch weit von der Philosophie der Eingeweihten entfernt sind.* (s.o., S.73f)... *Habt ihr gelernt, euch wie das Dreieck zu verhalten, das der Erde etwas gibt und gleichzeitig wie das Dreieck, das vom Himmel empfängt, werdet ihr die Fülle erfahren.* (Omraam Mikhaël Aïvanhov, *Die geometrischen Figuren*, S. 88, Quelle 41b)

Hexagonal strukturiert sind aber auch Eis und Schneeflocken sowie Bergkristalle, jene wiederum offenbaren ihre Form auch in der Wabenzelle, durchschneidet man diese im Längsformat. – Und in einem solchen Behältnis lagern Bienen ihren Honig und Pollen, entwickeln sich vom Ei zur Made, Puppe und fertigen Insekt. ... *man soll nur ja nicht glauben, dass dasjenige, was in der Natur irgendwo vorhanden ist, keine Kräfte hat,* (Rudolf Steiner, *Die Welt der Bienen*, S.26, Quelle 39) meint Rudolf Steiner. *Da drinnen liegen die Kräfte, aus denen heraus die Biene überhaupt arbeitet.* – Silizium, jenes Element, das natürlicherweise als Kieselsäure im Bergkristall vorkommt, dient dem Menschen beim Aufbau des Bindegewebes oder zur Knochenbildung. Mit dem Alter nimmt der Siliziumgehalt im Körper ab, deshalb ist gerade dann eine Zufuhr wichtig. ... *essen Sie nun Bienenhonig,* meint Steiner, *dann bekommen Sie in sich eine ungeheuer stärkende Kraft.* (s.o. S.85) ... *Sehen Sie, die Erde macht sechseckige Kieselsäurekristalle. Die Biene macht sechseckige Zellen.* (s.o. S.85) ... *Aber was kommt denn da hinein? Da kommt das Bienenei hinein. Wo beim Quarz Kieselsäure drinnen ist, ist es hohl bei der Zelle, und da kommt gerade das Bienenei hinein. Die Biene wird durch dieselbe Kraft ausgebildet, die in der Erde ist und den Quarz bildet. Da wirkt die fein verteilte Kieselsäure. Da ist eine Kraft drinnen; sie kann physisch nicht nachgewiesen werden. Da wirkt durch den Bienenkörper der Honig so, dass er das Wachs in der Gestalt bilden kann,* die gerade der Mensch braucht, denn der Mensch muss diese sechseckigen Räume in sich haben. Der Mensch braucht das gleiche. (s.o. S.85) ... *Ja, der menschliche Körper ist nämlich voll von Quarz.* (s.o. S.83) ... *aber in einer mehr flüssigen Form.* (s.o., S. 83) ... *Hätten wir nicht den Quarzsaft in uns, dann könnten wir zum Beispiel noch soviel Zucker essen – wir hätten niemals einen süßen Geschmack im Mund. Das macht der Quarz, den wir in uns haben, aber nicht durch seine Stofflichkeit, sondern durch das, dass der Wille in ihm ist, sechseckig zu werden als Kristall.* (s.o., S.84) ... Und der Honig enthalte ... *in sich die Kraft, dem Menschen Gestalt zu geben, Festigkeit zu geben.* (s.o., S.39) – Rudolf Steiner empfiehlt *schon in der Verlobungszeit Honig zu essen*, denn: *Auf den Knochenbau des Kindes hinüber wirkt der Honiggenuss der Eltern, namentlich der Mutter.* (s.o., S. 137)

»Warum wird nun aber die Königin nicht in einer sechseckigen Zelle, sondern in einer runden, sackähnlichen geboren?« frage ich Albert, der sich von den Gedanken des Anthroposophen Steiner gerne anregen lässt. »*Die Königin darf aus meiner Sicht die Kristallkraft nicht spüren, sie soll diesen Kräften nicht unterworfen, muss frei davon sein, in der Sonnenkraft bleiben. Vielleicht ist das für ihre Aufgaben wichtiger. Sie ist ja auch innerhalb der Traube ungebundener. Kann sich frei bewegen. Arbeiterin und Drohnen sind weit stärker dem erdmagnetischen Feld untergeordnet. – Hier gibt es noch einiges zu erkunden.*«

Das Entwickeln von Bildern, wie Albert es gerne tut, mag uns da helfen auf dem Weg zu innerem Verständnis. »Kerzen«, erzählt er weiter, »*sind für mich zum Beispiel ein wichtiges Symbol für das Handeln des Menschen. Der Docht steht für eine Idee, einen Gedanken. Und das Wachs für den Willen. Hat ein Mensch einen Gedanken, Funken oder eine Eingebung, ist das schön. Dadurch passiert aber noch nichts. Schöne Ideen sind nur sinnvoll, wenn sie durch den Willen auch umgesetzt werden. Beides gehört zusammen. Genau wie bei der Kerze: Nur wenn Docht und Wachs zusammenkommen, habe ich eine schöne Flamme – es entsteht Licht und Wärme. Das gilt auch für Initiativen, Gruppen, die gute Gedanken haben. Wenn man nicht einen Schritt weitergeht, konsequent handelt, hat es keinen Zweck. Und das ist für mich das Bild von den Kerzen.*«

Hoch geschätzt war das Bienenwachs in früheren Zeiten als Rohstoff und hatte zunächst einen größeren Wert als Honig. Der Bedarf stieg im besonderen Maße mit Verbreitung des Christentums, schließlich durften nur Bienenwachskerzen in Kirchen und Klöstern brennen, galten doch Bienen im Mittelalter als Symbol der Unbefleckten Empfängnis. Wohl wegen seiner Reinheit werden frische weiße Waben auch *Jungfernwachs* genannt. Damalige Imker waren übrigens zur Abgabe verpflichtet. In Mitteleuropa erzeugen Bienen das Wachs insbesondere in den Monaten April bis Juni, der Zeit der stärksten Erweiterung eines Volkes. Durch die Einlagerung von Honig und Pollen in den Zellen färben sich die Waben mit der Zeit von weiß über goldgelb bis zu einem dunklen Braun. Anfang des 19. Jahrhunderts ging die Bedeutung der Bienenwachskerzen mit der Entdeckung von Paraffin nach und nach verloren, künstliche Kerzen nahmen Einzug in unsere Haushalte. – Nun, nicht jeder Fortschritt ist auch einer hin zum Wirkungsvolleren. »Paraffinkerzen kommen von der Erde her«, sagt Albert Muller, »sind Erdölprodukte. Die können nicht dasselbe erzeugen wie Bienenwachskerzen. Für mich ist Bienenwachs festgewordenes Sonnenlicht, denn die Sonne strahlt auf die Pflanze, die Pflanze produziert Nektar, den Nektar holen die Bienen und setzen es um in Wachs. – Spüren wir das nicht auch irgendwie, wenn wir die Bienenwachskerzen anzünden und sie uns mit ihrem unvergleichlichen Duft in eine andächtige, innige Stimmung hineintragen?« fragt er mich rhetorisch, um dann fortzuführen: »Das ist dasselbe wie mit Honig und Zucker. Der Honig ist lichthaft, während der Zucker von der Erdatmosphäre kommt, das kann nicht dasselbe sein.« Demnach schlägt uns die Biene auch mit ihrem wertvollen Wachs eine Brücke zur geistigen Welt.

In der Kosmetik weiß man schon seit alters her, dass Bienenwachs auf die Haut schützend wirkt und sie geschmeidig macht und setzt es zur Herstellung von Salben und Cremes ein. Und manch einer schwört darauf, dass das Kauen der Waben dem Magen zugutekommt, sich sogar aufgrund seiner antibakteriellen Wirkung günstig bei Heuschnupfen auswirken soll und sich darüber hinaus das Bienenwachs zur Wärmetherapie eigne.

»Wir wollen alles im Griff haben«, spricht Albert weiter, »und wir meinen, wir haben auch die Bienen mehr oder weniger im Griff. Das ist unser Problem. Und dadurch leidet der Bien. Dabei ist er ein wirklich lebendiges Wesen, das von höheren Kräften begleitet wird und – das wir noch zu wenig kennen, und deshalb machen wir zu viele Fehler. – Honigbienen können nicht mehr selbständig leben. Sie brauchen den Menschen. Und der Mensch braucht sie. Es ist ein kulturelles Miteinander. Aber nun meint der Mensch, dass sich der Bien anpassen muss. Es geht allerdings nicht immer alles so, wie ich es will. Ich muss Respekt haben vor dem, was das Tier will – bienengemäß handeln. – Als Imker ist man eigentlich nur Begleiter. Und für diese Begleitung bin ich verantwortlich.« – »Und woher weiß ich, was bienengemäß ist?« frage ich Albert. »Das, was die Bienen zulassen, ohne dass ich zusätzlich besondere Maßnahmen ergreifen muss«, antwortet er. »Das ist mein Gradmesser. Will ich z. B. Bienenvölker vereinen, dann tue ich das nicht im Herbst, weil ich zu dieser Jahreszeit bestimmte Duftmittel einsetzen muss, um zu erreichen, was ich erreichen will. Für mich wäre dies ein Verstoß gegen das, was die Bienen wollen. Denn dasselbe Vorhaben im Frühjahr ausgeführt, bedarf keinerlei zusätzliche Maßnahmen. – Überall dort, wo ich etwas gegen ihren Rhythmus unternehme, gegen ihre Natur verstoße, wo ich meinen Willen aufzwinge, da sind für mich die Grenzen. Ich kann schon meinen Wünschen folgen, sollte diese Grenzen aber nicht überschreiten«, sagt der Bienenberater. »Wenn wir z. B. Bienen auf Begattungsplätzen künstlich züchten, wird der große Austausch zwischen den Völkern eingeengt. Das schwächt die Bienen. Und sie verlernen, sich gegen Veränderungen im Außen selbst zur Wehr zu setzen, aus sich heraus Kräfte zu entwickeln. Als Konsequenz werden sie immer anfälliger. – Für mich haben die Menschen einen Auftrag: Sorge zu tragen, dass Bienen im Leben bleiben. Wenn ich gerade dieses Tier nicht im Leben halten kann, weil ich Umstände schaffe, die dies verhindern, dann ist das für mich ein Zeichen, dass wir unsere eigene Umgebung vernichten und wir alle gefährdet sind. Die Bienen sind ein Maßstab dafür.«

Verdeckelte Zellen

Längsschnitt Zelle

Verdeckelte Zellen

Ungeborene Biene

Larve

*Und die Mutter
der ganzen Schöpfung
ist die universelle Seele,
die ohne Anfang und Ende ist
und die Quelle
der Schönheit und der Liebe.*

Khalil Gibran
†1931, New York City
libanesisch-amerikanischer
Maler, Philosoph, Dichter.
aus: *Gebrochene Flügel
Vor dem Thron des Todes*
Quelle 43

Königin Zelle

Eine Königin-Mutter ist aus ihrer Zelle geschlüpft.

Weiselzelle mit CeleeRoyale

Drohn

Stift der Königin

Königin

210

Arbeiterin

*Es waren einmal zwei Bienen,
die saßen am Eingang ihres Bienenkorbs
in der Sonne.
Lange Zeit hatte ein heftiger Sturm gewütet.
Seine Gewalt hatte alle Blumen weggefegt
und die Welt verwüstet.
Was soll ich noch fliegen,
klagte die eine Biene.
Überall herrscht ein wüstes Durcheinander.
Was kann ich da schon ausrichten!
Und traurig blieb sie sitzen.
Blumen sind stärker als der Sturm,
sagte die andere Biene.
Irgendwo müssen noch Blumen sein,
und sie brauchen uns,
sie brauchen Besuch.
Ich fliege los.*

Phil Bosmans
(*1922), belgischer Ordenspriester, Telefonseelsorger
und Schriftsteller, Quelle 44

Just bee
oder ... ?

»Die Bienen kann man nur erfassen, wenn man selber eine ist, meint ein Imker aus dem norddeutschen Raum. Alles andere ist menschliche Vorstellung und relativ – wir wissen ja noch nicht einmal, wer wir selbst sind.«

Heute ist ein schwüler und heißer Tag. Dichte Wolken bedecken den Himmel. »Für uns Menschen ist dieses Wetter anstrengend«, erzählt er weiter, »für die Bienen ein Paradies. Ihre Facettenaugen sehen die Wolken nicht. Für sie scheint die Sonne ungetrübt. Daran können wir erkennen, dass für Bienen die Welt eine ganz andere ist, ihre Augen sogar wie eine Radarschüssel rundum blicken können. Als mir das klar wurde, hatte es mich mit einem Male entlastet von der Übermacht menschlicher Wahrnehmung, vor allem meiner eigenen.« Dennoch – oder vielleicht gerade deshalb – möchte der 49-Jährige *zur Biene werden*. »Sein. Einfach nur sein. Wie die Bienen. Das wünsche ich mir«, schließt er an. Dieses *einfach* hört sich einfach an, aber darin liegt die große Kunst des Lebens. Die Honigbienen haben diese Kunst in ihrem Da-Sein zur Meisterschaft gebracht. Aber das wissen sie wahrscheinlich noch nicht einmal. Sie sind einfach das, was sie sind. Tun das, was notwendig ist. Nicht mehr oder weniger.«

To be heißt im Englischen *sein* – *bee* übersetzt Biene; ausgesprochen wird beides gleich. *Die Biene war immer und überall Symbol des Lebens*, lehrt der Bienenmeister. (Simon Buxton, *Der Weg des Bienenschamanen*, S.37, Quelle 15) *Leben als Unsterblichkeit*. Und in einem ihrer Geschenke, dem Pollen, scheint sie dies uns im ganz besonderen Maße zum Ausdruck zu bringen, denn, glauben wir Bridge (dt. Brücke), dem Bienenmeister, dann besitzt der Pollen einen *bisher unbekannten und daher nicht anerkannten*

Bestandteil, der eine lebenswichtige Rolle bei der Gesamtheilwirkung (Simon Buxton, Der Weg des Bienenschamanen, S.72, Quelle 15) spiele. Es sei *Vitamin P.. Vitamin P ist die Vita – Lateinisch für das Leben – von Pan; es ist Vitamin Pan. (s.o., S.73)* Diese Kraft beziehe sie aus dem Liebesspiel mit der Blume, heißt es, *und so trägt die Biene die sexuelle Kraft der Pflanzen aus einem sichtbaren Antlitz des Geistes in den Bienenstock. (s.o., S.73)*

Pan, der griechische Gott des Waldes und der Natur, gilt als der Beschützer der Bienen. Und der Hirsch ist jenes Tier, welches ihn symbolisiere. Alte Münzen zeigen den Hirsch auf der einen und eine Biene auf der anderen Seite. Und diejenigen, die dem *Pfad des Pollen* folgen, versuchen, als einen Teil ihrer spirituellen Reise, diesen Naturgott zu erreichen. *In dem Bestreben, dem ersten Bienenmeister zu begegnen – dem Zauberer –, kehren wir zur Quelle zurück und erlauben dem Zauberer in uns selbst, sich zu entwickeln und uns zu unterweisen.* (s.o., S.190f) – Der Pollen besitze zweiundzwanzig chemische Bestandteile, *also so viele, wie es Buchstaben im ursprünglichen hebräischen Alphabet gibt. (s.o., S.72)* Der Bienenmeister weiß ... *Pollen ist das großartigste Verjüngungsmittel der Welt und gilt als Elixier der Langlebigkeit. Unsere Ahnen kannten es als Ambrosia. (s.o., S. 71) Ambrosisch* kommt aus dem Griechischen, heißt *unsterblich, göttlich,* und *Ambrosia* ist die *göttliche Speise*, die Unsterblichkeit verleihen soll. *Wenn wir den Pollen als Heilmittel betrachten, dann können wir leicht erkennen, warum er als das wahre Ambrosia galt, denn schon der flüchtigste Blick auf die Wirkungsweise des Pollens macht deutlich, dass er die Antwort der Natur auf nahezu jede bekannte Krankheit ist. Von allen Kräutermitteln verfügt Pollen über das weiteste Spektrum von Wirkungen und Anwendungsmöglichkeiten. Kein einziges Organ, kein System oder Gewebe bleibt von seiner Wirkung unbeeinflusst. Seine Wirkung ist umfassend, er ist die Lebensquelle; und er weist uns einen Pfad zum Zentrum. Als Substanz von derartiger Güte werden die Goldenen Münzen entsprechend verehrt* ...(s.o., S.72) auf dem *Pfad des Pollen*, einem *magischen Pfa*d, der die Geschenke der Bienen vielseitig zu nutzen und auf geheimnisvolle Weise umzuwandeln versteht und der es ihren Eingeweihten erlaubt, zum Beispiel in *dies*er wie in *jen*er Welt zu weilen und den Simon Buxton zu dem seinen gewählt hatte. Die Arbeit auf dem Weg erfordere allerdings eine feste Verankerung in die Erde. *...der moderne Mann und die moderne Frau empfinden und kennen die Erde nicht mehr als ein Gesamtlebewesen, als Lehrerin, als unsere Mutter,* (s.o., S.193, Quelle 15) unterweist Bridge den Adepten Simon vor einer seiner wichtigsten Initiationen. *Sie versteht dich, denn sie ist deine Mutter. Sie kann* *dir bringen, was du brauchst; sie möchte lediglich, dass ihr Sohn allen Verpflichtungen nachkommt, die zu erfüllen er geboren wurde. – Jeder Mann und jede Frau tragen eine eigene Berufung in sich. Das Talent liegt darin, den Ruf zu hören.* (Simon Buxton, D*er Weg des Bienenschamanen, S. 83)*

Der nordddeutsche Imker praktiziert den Buddhismus. Er singt gerne Mantren bei den Bienen oder sendet ihnen gute Gedanken, weil er spürt, es tut ihnen gut. Erdet er sich selbst energetisch und geht in sich ruhend und ohne Absicht zu den Bienen, dann nehmen sie das wahr und stechen auch weniger. Schließlich seien wir verdichtete Schwingung, und genau darauf würden die Bienen reagieren. »Die Buddhisten sagen, der Mensch solle nicht wie die Bienen sein, die immer nur arbeiten und Vorräte einbringen bis ihnen der Honigbär oder der Imker alles wegnimmt. Auch der Mensch kann beim Verlassen dieser Erde nichts mitnehmen. Allein seine guten Werke zum Wohle der anderen Lebewesen bleiben ihm als Tugendansammlungen erhalten. Und keiner weiß, was als nächstes kommt, der nächste Tag oder das nächste Leben.

Der Mensch soll arbeiten und beten und Gutes tun – soll sich seiner Motivation bewusst sein, umwandeln, transformieren. – Aber vielleicht tun das die Bienen auch, wer weiß das schon!« – Das stete Hinterfragen jedweder Erkenntnis, um im Verwerfen und neu Zusammenfügen den Geist zu nächsthöherer Stufe zu führen, gehört zur regelmäßigen spirituellen Praxis des empfindsamen Mannes. Er schätzt ein Leben zwischen Tradition und Moderne und empfindet in den Bienen eine Verkörperung von Zeitlosigkeit. Allein ihr So-Sein würde das Göttliche unvergleichlich widerspiegeln und hohes Bewusstsein ausdrücken. Das ist für den erfahrenen Imker klar, es frage sich nur, welches Bewusstsein das ist: »Metaphysik ist real – nur verstehe ich vieles noch nicht. Es gibt zum Beispiel einen Menschen, der verglich die Wabe mit dem Gehirn des Menschen. Auch meinte er, die Bienen seien Außerirdische, kämen von der Venus. Nun schauen wir uns den Kopf einer Biene mal genauer an, dann könnte man wahrhaftig zu einem solchen Schluss kommen. Aber was wissen wir schon? In diesem Erkenntnisprozess unterliege ich Irrtümern oder neige dazu, hineinzuinterpretieren. Das wurde mir sehr deutlich, als ich eines Tages in meinem Bett lag und nach und nach Bienen in mein Zimmer flogen. Ich überlegte, was das für eine Botschaft für mich sein könnte. Wenig später sah ich wie das Garagentor schwarz bedeckt mit Tausenden Bienen war. – Was war geschehen? Ein Freund von mir, der Imker werden wollte, hatte in seiner Unerfahrenheit geschleuderte Waben in der

Garage abgestellt. Die Bienen hatten es gerochen und sich über sie hergemacht. – Es hatte mich gelehrt, dass manche Ereignisse auch eine recht banale Erklärung haben können«, interpretiert er das Ereignis für sich.

Der Imker überlässt die Bienen sich weitestgehend selbst, greift nur dann ein, wenn es die Notwendigkeit des Momentes erfordert. »Die Bienen haben eine außerordentliche Intelligenz, die weiß und sich einstellen kann. Im übrigen möchte auch ich nicht, dass man an mir rumzerrt. Warum sollte ich es den Bienen zumuten.«

Das Leben ist einfach. Kompliziert ist der Mensch, könnte man meinen. Er hat seine Vorstellungen. Und meint sich im Recht. Dann stellt er Konzepte und Regeln auf, will Rechthaben dokumentieren und vielleicht sich selbst damit Halt und Orientierung geben. Ändert sich aber die Ausrichtung, ändert sich die Regel. Ganz nach Belieben. Und was wird daraus? – »Die Bienen liefern uns Unterstützung für eine gesunde Ernährung«, sagt er, »das wissen wir nicht zuletzt durch große Gelehrte wie den griechischen Arzt Hippokrates (um 460 v. Chr.), der 300 Rezepte zur Heilung mit Bienenprodukten gekannt haben soll. Und was macht der *moderne* Mensch? Mittlerweile kommen Menschen und fragen nach Bio-Honig? Das ist doch absurd. Honig ist reine Natur«, sagt er, während er durch die Frühsommerwiesen streift und ganz nebenbei einen zart violettfarbenen Blütenkelch zupft, um ihn mir in die Hand zu reichen: »Saug' mal daran. Taubnessel ist eine der wenigen Blüten, wo du Nektar schmecken kannst.«

Der Imker lebte viele Jahre im Ausland, bis er eines Tages im Stau ein Schlüsselerlebnis hatte. Von heute auf morgen bricht er seine Zelte ab, folgt der Stimme seines Herzens: »Mir wurde klar, ich hatte mein Leben geopfert, um im Beruf zu überleben. Hatte genug Geld, brauchte aber immer mehr, um mich vom Stress regenerieren zu können. Das Leben sollte simpler sein, ich wollte zur Ruhe kommen, die Reise nach innen antreten. Da kam mir ein Bild, das wegweisend sein sollte: Ich sah mich in meiner Heimat Honig schleudern.« Er tritt in die Fußstapfen seines Großvaters, wird zum Imker.

Bienen sind unsere Lebensgefährten seit Urzeiten. Sie können in vielen Klimazonen leben. Jetzt aber sind sie in großer Gefahr. Im Jahre 2003 starben allein in Deutschland rund 30% der Völker. *In vielen Regionen überlebten 50 bis 80% der Honigbienen diesen Winter nicht,* verkündet das *Netzwerk Blühende Landschaft* auf seiner Webseite (www.bluehende-landschaft.de, Quelle 45), das noch im selben Jahr von Imkern, Landwirten und Naturschützern in Deutschland gegründet worden war. *Der Rückgang von Nektar und pollenspendenden Pflanzen war eine der entscheidenden Ursachen für diese Verluste,*

*Weil die Bienen am stärksten von
kosmischen Kräften beeinflusst werden,
kann der Kosmos darüber hinaus
seinen Weg
in die menschlichen Wesen finden,
indem er sie über seine Vereinigung
mit der Biene darin unterstützt,
zu den Menschen zu werden,
die sie wirklich sind,
bevor ihnen gesagt wird,
wer sie sein sollten –
von Eltern, Schule und Kultur.*

Die Bienenmeisterin
aus: *Der Weg des Bienenschamanen*, S.116
von Simon Buxton, Quelle 15

heißt es weiter (s.o.). Das *Netzwerk* möchte in Zusammenarbeit mit einigen Verbänden, LBV [Landesbund für Vogelschutz], NABU [Naturschutzbund Deutschland], BN [Bund Naturschutz], BUND [Bund für Umwelt und Naturschutz Deutschland] sowie den Verband für den Ökologischen Landbau, den Problemen, die auch andere Insekten und Tiere betreffen, entgegenwirken, auf sie aufmerksam machen, um *die Land(wirt)schaft wieder zum Blühen zu bringen*.

Unter dem Motto: *Es lebe die Biene* engagiert sich auch *Aurelia*, eine Stiftung, gegründet 2015, mit dem Ziel, aktive Öffentlichkeitsarbeit für die Biene zu leisten. (www.aurelia-stiftung.de)

Initiativen, gleich welcher Art, sind dringend notwendig, wollen wir den Bienen – und damit uns Menschen – nicht die Lebensgrundlage entziehen. Varroamilbe, Monokultur, Funkstrahlen oder auch *Collony Collaps Disorder* gehören schon lange nicht mehr zu ihrer alleinigen Bedrohung. – Auch genmanipulierte Pflanzen sind für die

Insekten zu einem großen Problem geworden. Nicht nur, dass wir um die Gesundheit der Bienen zu fürchten haben – der Pollen, den sie von genmanipuliertem Mais, Raps oder Sonnenblumen aufgenommen haben, kann durch die Bienen auf gentechnisch nicht manipulierte Pflanzen übertragen werden. Und diese Übertragung würde der Verbraucher – wahrscheinlich unbewusst – *zu spüren* bekommen, z.B. im Honig. *Von den Bienen gesammelter Blütenpollen hatte bereits im Jahr 2oo5 in der Nähe von Genmais-Versuchsflächen in Deutschland Werte von bis zu 4,4% gentechnisch veränderte Bestandteile!* (www.bienen-gentechnik.de, Quelle 46)

Raps ist eine bedeutende Trachtpflanze der Honigbiene und eine reichhaltige Nahrungsquelle für sie – und uns. 10% unserer Ackerflächen machen Raps aus. Das Kreuzblütengewächs ist eine vielseitige Pflanze, die zu 100% genutzt werden kann. Ihre schwarzen Körner liefern zu 60% Rapsschrot, das als eiweißreiche Tiernahrung für Rinder und Schweine genutzt wird, und zu 40% Rapsöl. Das Rapsöl gilt ernährungsphysiologisch als eines der gesündesten Speiseöle, da pflanzliche Öle und Fette Träger fettlöslicher Vitamine und reich an ungesättigten Fettsäuren sind. In Deutschland gilt Raps als Ölpflanze Nr. 1 und ist mit 60% Marktanteil die wichtigste Ölsaat – auch weil das Öl zur Herstellung von Biodiesel verwendet wird und damit ihren Beitrag zu den nachhaltigen Energiequellen leistet. – Laut *Agrarheute* hat »Ende August die EU-Kommission die Prognose zur europäischen Rapsernte 2016 deutlich nach unten korrigiert. – Danach wäre dies die kleinste Rapsernte seit 2012.« Die Ursache zu ergründen ist schwer und wahrscheinlich vielfältiger Art. Welchen Einfluss die Honigbiene auf die Erntemenge wichtiger landwirtschaftlicher Kulturen hat, ermittelte der Österreichische Imker Stefan Mandel, der sich der Bienenforschung gewidmet hat, in seiner Doktorarbeit an der Universität für Bodenkultur. (http://www.bienenforschung.at) Nach seinen Untersuchungen konnte er nachweisen, dass durch den Einsatz von Honigbienen zur Bestäubung die Raps-Erntemengen deutlich gesteigert werden. Wenn also weltweit immer mehr Bienen, Schmetterlinge und andere Bestäuber-Tiere vom Aussterben bedroht sind, hat dies deutliche Auswirkungen auf unsere Nahrungsquellen. Betroffen seien Ernten im Milliardenwert und damit Millionen von Menschen. Nahrungsmittel im Wert von 235 bis 577 Milliarden US-Dollar (213 bis 523 Milliarden Euro) im Jahr entstehen aufgrund der bestäubenden Tiere, konnte der Presse entnommen werden. Viele Bedrohungen habe der Mensch zu verantworten. Die Experten nannten unter anderem die Reduzierung von landwirtschaftlichen

Flächen, den Anbau von Monokulturen, den Klimawechsel und starke Verwendung von Pestiziden, heißt es weiter. Konventionelles Saatgut, zu dem auch Raps zählt, wird meist chemisch behandelt. Damit sollen die Ausbreitung von Pflanzenkrankheiten verhindert und Krankheitserreger abgetötet werden. Die ökologischen Anbauverbände verbieten den Einsatz von sogenanntem gebeiztem, also mit Pflanzenschutzmitteln behandeltem Saatgut, um Mensch, Umwelt und Tiere zu schützen. Pestizide blockieren zum Beispiel die Nervenzellen im Gehirn von Bienen, so ein Ergebnis des Zoologen und Neurobiologen Randolf Menzel, der am neurobiologischen Institut der Freien Universität Berlin der Frage nachgeht, wie die Bienen navigieren. Der Einsatz von hochwirksamen Insektiziden führe dazu, dass die Bienen wie unter Drogeneinfluss stünden, ihr natürliches Landschaftsgedächtnis würde dadurch beeinträchtigt und Verhalten massiv gestört werden. (http://www.neurobiologie.fu-berlin.de/menzel) Es gibt auch andere Wege, z.B. Pflanzenschutzmittel auf natürlicher oder biologischer Basis, die in einer ökologisch ausgerichteten Landwirtschaft zur Anwendung kommen. Der Wunsch der Verbraucher nach einem gesunden Leben wächst. Und die Nachfrage nach Biogetreide oder Bioraps ist groß.

Unser Leben auf dieser Erde ist ein sensibles Beziehungsgeflecht; Ursache und

> *Erst wenn der letzte Baum gerodet,*
> *der letzte Fluss vergiftet,*
> *der letzte Fisch gefangen ist,*
> *werdet ihr feststellen,*
> *daß man Geld nicht essen kann.*
>
> Weisheit der Cree-Indianer
> Quelle 47

Wirkung sind nicht von einander zu trennen, zeigen ihre Gesichter. Vielleicht sollten wir uns einmal fragen, wer eigentlich wirklichen Nutzen aus erheblichen Eingriffen in unsere Natur hat und was der Gemeinschaft wirklich zugutekommt?

»Werden sich die Bienen wieder erholen?« frage ich ihn.

»Die Bienen haben immer wieder Wege gefunden – und vielleicht bleiben sie jetzt weg, um sich selbst zu regenerieren von den Einflüssen, die wir Menschen ihnen zukommen ließen und die sie schwächten – so wie wir Menschen uns auch zurückziehen, wenn wir krank sind, um darin wieder zu Kräften zu kommen. Vielleicht ergibt sich dann auch eine neue Situation, in der sich nicht die Biene an das anpassen muss, was die Menschen vorgeben, sondern die Menschen den Bienen folgen, um an das zu kommen, was sie wollen. Vielleicht lernen sie sogar, Pflanzengifte und genmanipulierten Mais von Natürlichem zu unterscheiden, oder der Mensch wird gezwungen, will er die Bienen wiederhaben, auf diese Art des Anbaus zu verzichten. – Ich baue auf die Anpassungsfähigkeit und hohe Flexibilität dieser Tiere und vertraue auf das Gute im Menschen.«

Der *stille* Mann bleibt auch darin ein wenig im Gefolge seines großen Lehrmeisters, des *Dalai Lama*. *Ich esse liebend gerne Honig*, erzählte der in einem Interview. (www.daserste.de/beckmann, Quelle 48). *In meinem nächsten Leben werde ich vielleicht eine Biene, weil ich Honig so sehr liebe. Vielleicht werde ich wirklich eine Biene … vielleicht wirklich*, denkt der Dalai Lama laut nach – und lacht.

just b**e**e one!

*Was dem Schwarm
nicht nützt,
das nützt auch
der einzelnen Biene nicht.*

Marcus Aurelius Antonius
röm. Kaiser (161-180) u. Philosoph
Quelle 49

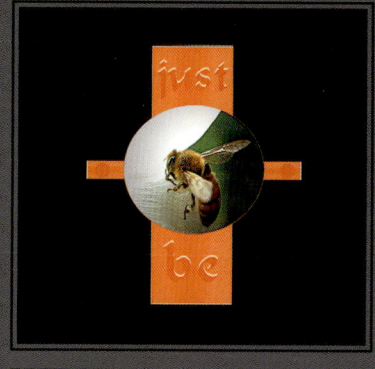

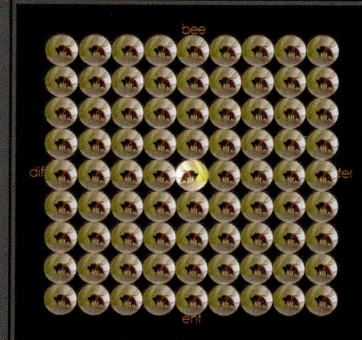
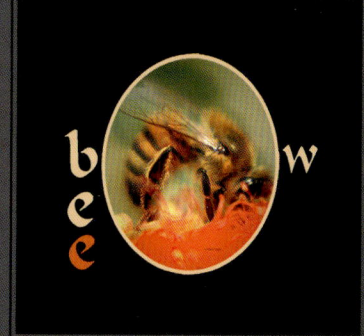

Die Karten auf Seite 225 und 226 entstanden lange bevor die Idee zum Buch geboren war.

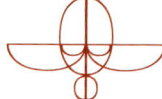

To Be or not to Be:
That is the question.

Sein oder Nichtsein
Das ist hier die Frage.

William Shakespeare
Mitte 17. Jhdt., Dichter
aus: Hamlet, Quelle 50

»Wenn ich gerade dieses Tier nicht im Leben halten kann, weil ich Umstände schaffe, die dies verhindern, dann ist das für mich ein Zeichen, dass wir unsere eigene Umgebung vernichten und wir alle gefährdet sind.«, S. 205, Albert Muller

Ja, der Mensch ist für das verantwortlich, was er nach seinem Hinübergehen von sich selbst zurücklässt, für alle seine Teilchen seines Körpers, die er mit Licht, Liebe, Güte, Reinheit oder im Gegenteil mit kriminellen Schwingungen durchdrungen hat; ...
Auf der Erde ist der Tod eine Erlösung für viele, aber nicht im Jenseits, dort wird der Mensch weiterhin für alles Schlechte, das er getan hat, verfolgt. Ganz gleich ob es Gedanken, Gefühle oder Taten waren... . Wo der höchste Grad des Bewusstseins gerade im Bewusstsein der eigenen Verantwortlichkeit liegt.

Omraam Mikhaël Aïvanhov
französischer Philosoph bulgarischer Herkunft,
† 1986 Frankreich
aus: *Yoga der Ernährung*, S.119ff
Quelle 42b

»Mein Glaube verbietet mir, irgendein Lebewesen zu verletzen. so kann ich nicht mehr tun, als weiter auf meine Bienen aufzupassen und abzuwarten, was das Schicksal bereit hält.« S.142 Yamaguchi

*Viele Tiere sind sehr auf Lebensqualität
eingestimmt; sie wissen, dass die von ihnen
gewünschte Lebensqualität in eurer globalen
Sphäre nicht mehr erreicht werden kann,
und deshalb gehen sie.*

*Die Tiere wurden euch als Begleiter
auf diesem Planeten zur Seite gestellt.
...
Gegenwärtig werden die Tiere
jedoch nicht im Hinblick auf ihre
Lebensqualität respektiert und geachtet.
Sie werden behandelt,
als ob sie nicht lebendig wären,
nicht fühlen könnten, sondern Sklaven
der menschlichen Spezies wären.
...
Es ist ein ziemlicher Irrtum, dass die Menschheit
glaubt, die am höchsten entwickelte Spezies zu
sein, ... Steine und Berge haben manchmal ein
größeres Verständnis ihres Zwecks, als es die
menschliche Spezies bislang erreichte.*

Barbara Marciniak
Medium plejadischer Botschaften
aus: *Die Plejadischen Schlüssel, S.69, 73*
Quelle 51

»Das Thema der sterbenden Bienen ist eigentlich nur ein Ausdruck von unserem generellen Zustand auf der Erde. Von daher ist es auch kein reines Problem der Imker, sondern geht uns alle an« S.253, Dr. Roland Günther

Sterben im Leben verstehen

Dr. med. Roland Günther

»Die Bienen bringen die Liebe in die Welt«, schreibt mir ein Imker aus der Nähe von Heidelberg. Zu diesem Ergebnis sei sein Freund, Dr. Roland Günther gekommen, als dieser zusammen mit anderen homöopathischen Ärzten vor vielen Jahren Bienenverreibungen durchgeführt hatte. – Dr. Günther lebt heute in Kanada, besucht nur sporadisch sein Geburtsland, in dem er wenigstens einmal im Jahr Seminare zur *C4 Homöopathie* abhält. Gelegenheit uns kennenzulernen. »Die Aussage stimmt nicht ganz«, sagt er mir bei unserem Treffen, »aber ich kann sagen, die Bienen verkörpern das Thema Liebe auf der Erde.«

Roland ist ein unruhiger Geist, ein ewig Suchender, Forschender, wie er sich selbst beschreibt. Die *C4 Homöopathie* ist sein spiritueller Erkenntnisweg. Er geht davon aus, dass allem Natürlichem – Stoffen, Mineralien, Tieren oder Pflanzen – ein Thema zugrunde liegt und sieht in der Verreibung eine Methode, mit der dieses offenbart werden kann. »Während des Vorganges wird ein energetisches Feld freigesetzt, das durch das Wesen, welches ich verreibe, geprägt ist«, beschreibt er den Vorgang. »In dieses Feld schwinge ich mich ein, verbinde mich, werde partiell zum Objekt selbst. – Dann höre ich zu oder nehme wahr: Bilder, die aufsteigen, oder Gefühle, die ausgelöst werden. Als wir zum Beispiel einmal die Wespe verrieben haben, da herrschte eine fast streitsüchtige Atmosphäre im Raum. Bei den Bienen hingegen, die chemisch der Wespe sehr ähnlich sind, war die Stimmung völlig entgegengesetzt. Ein Teilnehmer, der schon viele Verreibungen durchgeführt hatte, beschrieb das folgendermaßen: *Ich habe noch nie ein so sanftes Mit-*

*Bienen
begleiten den Liebesgott Kama.*

aus Indien
Quelle 52

tel verrieben. – Ich registriere körperliche Empfindungen genauso wie Gedanken und Erinnerungen. Die einzelnen Wahrnehmungen verschmelzen dann zu einem Gesamtbild, das mir Antworten auf meine Fragen gibt. – Grundsätzlich variiert das Ergebnis je nach Resonanz desjenigen, der diese Verreibung macht. Je stärker ich in meinen persönlichen individuellen Problemen gefangen bin, desto weniger bin ich schwingungsfähig und bereit, auf- und wahrzunehmen. Ich werde immer nur mir selbst begegnen.

Roland hatte zunächst Medizin studiert, viele Jahre als Arzt in Deutschland praktiziert, bis er schließlich seiner inneren Stimme folgte und sich als homöopathischer Arzt ausbilden ließ. »Wir verreiben stufenweise viermal eine Stunde lang ein Mittel mit einem Mörser. Das Ergebnis der ersten Stunde nennen wir C1, weil der Ausgangsstoff C für *Centum* 1:100 mit Milchzucker gemischt ist. Die C1 gibt uns Informationen auf körperlicher Ebene. Dann wird der Inhalt der Verreibungsschale entleert und mit reinem Milchzucker aufgefüllt. Es bleibt nur das von der ursprünglichen Substanz zurück, das am Rand der Schüssel festklebt. In der zweiten Runde schlägt die Energie für die Verreiber wahrnehmbar auf Erlebnisse im emotionalen Bereich um und in der dritten, der C3-Ebene, auf geistig mentale. Die anschließende C4 entspricht unserem spirituellen Körper, unserem Wesenskern und dem Wesenskern des Wesens, mit dem wir uns beschäftigen.«

Als Hobbyimker betreute er 15 Jahre lang 4-6 Völker. »In dieser Zeit hatte ich oft mit mir gerungen, ob ich die Bienen abgeben sollte. Hatte aber immer wieder das Gefühl, dass sie noch etwas von mir wollen.« Als die Not der Bienen vor allem durch die Varroa-Milbe, die mittlerweile fast alle Bienenvölker befallen hatte, immer größer wurde, bittet Roland seinen Freund Witold Ehrler, der 1992 in gewissem Sinne die *C4-Homöopathie* entdeckt hatte, und den er für sein feines Wahrnehmungsvermögen außerordentlich schätzt, sich diesem Problem mittels einer gemeinsamen Verreibung in einer Gruppe anzunehmen. Die beiden wählen eine Königin aus, weil sie für sie der zentrale Ausdruck des Volkes ist. »Wir wollten wissen, welche Botschaft das Bienensterben für uns Menschen auf der C4-Ebene, also der geistig-spirituellen, hat. Was bedeutet es inhaltlich für uns, wenn die Biene stirbt? Nicht nur, dass der Honig wegbleibt, dafür finden wir immer eine technische Lösung. Aber was heißt es, wenn die Kraft der Bienen auf der Erde nicht mehr wirkt?« Roland beschreibt ihre Erfahrungen wie folgt: (Detaillierte Berichte können eingesehen werden unter Quellen 53, 54, 55) »Bei der BienenKönigin, so wie sie sich uns offenbart hat, also der Aspekt von ihr, mit dem wir in der Lage waren, in Resonanz zu treten, den wir in der Lage waren zu empfangen, geht es um den Dienst an eine höhere Sache, um unsere Aufgabe. Diese hat zwei Aspekte: Es wird uns im Leben etwas aufgegeben, und wir haben etwas aufzugeben. Auf friedliche Weise hilft sie uns, unseren Platz einzunehmen als Diener(in) einer großen Sache. Nicht wir entscheiden, was zu tun ist, wir bieten unsere Bereitschaft zum Dienst an. *Apis* ist eine *Initiationsarznei*. Die Bienenkönigin tritt als Kraft oder Thema dann in unser Leben, wenn wir unsere persönlichen Belange, die unser Individuum betreffen, weitgehend gelöst haben oder aber bereit sind, uns hinten anzustellen. Während der gesamten Verreibung herrschte eine äußerst friedvolle Atmosphäre. Wir saßen alle in einem Kreis. Als wir fertig waren, sagte keiner auch nur ein Wort oder wagte gar, sich zu bewegen. Niemand wollte die harmonische Energie unterbrechen.

Ganz anders als bei der Verreibung der Varroa-Milbe. Hier war die Stimmung in der Gruppe gespannt, bevor wir überhaupt angefangen hatten. Zu unserer Überraschung erfuhren wir, dass es zwischen Parasit und ihrem Wirt keineswegs ein Kampf und Feindschaftsverhältnis ist, wie wir zunächst von unserer menschlichen Warte aus angenommen hatten. Varroa und Biene sind in Liebe miteinander verbunden.«

Wie kann eine Biene mit der Milbe in Liebe verbunden sein, wenn diese doch ihre Mörderin ist? frage ich ihn. »Die Milbe hat selber keinen eigenen Ausdruck und kein eigenes Thema«, erklärt Dr. Günther. »Ihr Dasein und Handeln verleiht der Not der Biene Ausdruck. Deshalb ist es ein Liebesakt an ihr. Diese Not besteht vor allem darin, dass die Biene ihren Wesensauftrag nicht ausführen kann, weil es ihr Körper nicht mehr zu leisten vermag. Er ist zu geschwächt. Und für diese Schwächung tragen wir Menschen die Verantwortung. Die Varroa ist vor allem eine Botschaft an uns, denn das Problem der Milbe wurde von uns verursacht.«

Um ein umfassenderes Bild zum Verständnis dieser Aussage zu erhalten und darüber hinaus zu erfahren, was wir tun können, um der Biene zu helfen, verrieb Roland später in einem Kreis von Imkern die Agave, Alge und den Apfel, – denn es hatte sich ihnen so während der Verreibung der *Varroa* offenbart. »Der Apfel ist ein Ausdruck von Regentschaft«, beschreibt er die Ergebnisse. »Der Kaiser trug den Reichsapfel als ein Zeichen der Verantwortung, die er für sein Land übernommen hat. Auf der symbolischen Ebene repräsentiert er das Thema des Menschen als Hüter der Natur. Mit dem Apfel drückt sich eine zentrale Verpflichtung des Menschen aus. Bezogen auf die Bienen gilt es zu erkennen, dass wir in hundert Jahren Imkerei weitestgehend nur von unseren eigenen Bedürfnissen ausgingen – hoher Honigertrag und bequemer Umgang mit der Biene. Wir haben uns nicht dafür interessiert, was eigentlich die Erde, der Himmel an geheimem Wissen und als Auftrag in dieses Geschöpf hineingelegt hat.« – Die ganze Züchtung ist ohne Berücksichtigung der Bedürfnisse der Biene geschehen. Früher hat man den Bienen zum Beispiel nur den Honig entnommen, den sie nach der Wintersaison übrig gelassen hatten. Heute nehmen wir, was wir wollen und geben als Ersatz Zuckerwasser. – Aber auch die Verdrängung der einheimischen Rasse, das Ausmerzen aggressiver Völker, die Unterdrückung des Schwärmens oder die künstlich, technische Besamung haben der Biene sehr zugesetzt und sie körperlich geschwächt. Es gilt, dieses erst einmal zu erkennen. Und allein das fällt uns schwer. In unserer wissenschaftsorientierten Gesellschaft meinen wir, alles im Leben, in der Natur oder auf der Erde sei erlaubt. Wir experimentieren gerade so, wie wir es wollen, als beträfe es uns nicht persönlich. Es ist wichtig, den kranken Zustand der Erde wahrzunehmen und sich bewusst zu werden, dass jeder einzelne Verantwortung für sie trägt. Freiwillig wollen wir dies selten. Meist kommt der einzelne erst dieser Aufgabe nach, wenn er oder sie innerlich betroffen ist. Fehlt diese innere Betroffenheit, entsteht eine solche durch äußere Ereignisse. Das Äußere ist nur ein Ersatz für das Innere. Kommen wir unserer Aufgabe nicht nach, dann gibt uns die Erde einen *Wink mit dem Zaunpfahl*, damit wir fühlen und darin Betroffenheit erleben und uns nichts anderes mehr übrig bleibt, als auf diese Betroffenheit zu reagieren. Sie hilft uns, die Konsequenzen aus dem technischen Zeitalter wieder umzuwenden und das zu richten, was wir angerichtet haben. – Wir haben das Problem der *Varroa angezogen*, es wurde von uns verursacht, weil wir die Bedürfnisse der Biene nicht ernst genommen haben. Es ist erst einmal wichtig, dass wir dies akzeptieren, verstehen und schließlich bewältigen. Es wäre Blindheit, würden wir nur die Biene behandeln. Wir sind diejenigen, die krank sind und in einen Erkenntnis- und Heilungsprozess eintreten sollen. – Dabei ist das Thema der sterbenden Bienen eigentlich nur ein Ausdruck von unserem generellen Zustand auf der Erde. Von daher ist es auch kein reines Problem der Imker, sondern geht uns alle an.«

Außerdem sollte man auch wissen, lehrte Omraam Mikhaël Aïvanhov, (Wie Gedanken sich in der Materie verwirklichen, Prosveta Verlag, S. 17, Quelle 56) *dass alle giftigen Pflanzen und alle gefährlichen Tiere von den schlechten Gedanken und Gefühlen der Menschen genährt und unterstützt werden. Ja, das Gift, welches diese Gedanken und Gefühle enthalten, destilliert sich irgendwo und verstärkt die Schädlichkeit solcher Tiere und Pflanzen. Dagegen verstärken die guten Gedanken und Gefühle aller sichtbaren und unsichtbaren Geschöpfe alles Schöne, Charmante und Duftende in der Natur. Ohne unser Wissen wirken wir also an der Gestaltung der Schöpfung mit, indem wir das Schöne oder das Hässliche in ihr verstärken.*

»Das Thema des Apfels führt uns auch zum Grund unseres Hierseins zurück«, sagt Roland weiter. »Jeder kommt mit ursprünglichen Motiven auf die Erde. Dann neigen wir dazu, diese aufzugeben. Es ist wichtig, dass wir uns unserer Aufgaben wieder erinnern, denn dann können wir uns wieder auf das Leben einlassen und freiwillig das verwirklichen, was unsere persönliche Aufgabe ist. – Während der Verreibung hörten wir auch von den Apfelkriegern. Es sind Idealisten, die sich entschieden haben, den inneren Weg zu gehen, die ihre Persönlichkeit nicht zur Befriedigung ihres Egoismus einsetzen, sondern zum Wohle aller, um sich in der Welt für den Erhalt des Lebens und der Erde selbstverantwortlich, wohlvernetzt, aber individuell einzusetzen. Dafür gibt es keine Gebrauchsanleitung. – Kümmere dich um dich selbst, kläre deine Motive, und dann bist du im Einklang mit dem großen Spiel.«

Die Worte von Roland erinnern mich stark an das *Handbuch des Krieger des Lichts* von Paulo Coehlho:

»Was ist ein Krieger des Lichts?«
»Du weißt es«, entgegnete sie lächelnd.
»Es ist derjenige,
der das Wunder des Lebens
zu begreifen weiß,
der um das, woran er glaubt,
bis zum Letzten kämpft
und auch die Glocken hören kann,
die das Meer in seinen Tiefen festhält.«
Er war nie auf den Gedanken gekommen,
dass er ein Krieger des Lichts sein könnte.
Die Frau schien seine Gedanken zu erraten.
»Jeder Mensch ist dazu in der Lage.
Und niemand hält sich
für einen Krieger des Lichts,
obwohl jeder einer sein könnte.«

Paulo Coehlho
*1947, Brasilien, Autor
aus: *Handbuch des Krieger des Lichts,* Quelle 57

»Die Frage der Agave ist: Erfüllen wir unsere Aufgabe als Menschen oder sind wir eventuell vom Weg abgekommen?« erklärt Roland weiter. »Ihr Thema hilft uns immer dann, wenn wir eine neue Ausrichtung in unserem Leben brauchen. Im Zusammenhang mit den Bienen ist es erst einmal wichtig zu schauen, wie ich persönlich mit den Bienen umgehe. Behandle ich sie mit Respekt, Achtung, Würde? Denke ich nur an den Honig, den ich erhalte, oder auch an die Bedürfnisse der Bienen, zu denen auch eine gesunde Landwirtschaft zählt? – Welche Konsequenzen wir persönlich aus diesen Erkenntnissen für unser Handeln ziehen werden, sagt allerdings nichts darüber aus, welche Konsequenzen die Bienen aus ihrer eigenen Situation ziehen wollen. Es liegt bei ihnen selbst zu entscheiden, wie es für sie weitergehen soll und diese Entscheidung gilt es unsererseits auch zu respektieren und zu achten. – Als wir schließlich die Alge verrieben, dehnte sich unsere Wahrnehmungsfähigkeit deutlich aus. Wir waren ganz offen, fühlten uns verletzlich, betroffen, allerdings ohne das Bedürfnis nach Aktivität zu spüren. Uns wurde klar, dass es auch um das Annehmen geht und nicht nur um das Finden von Lösungen. Dann wären wir wieder im *Macherthema*, jenem, woran die Welt krankt. Denn was wir machen, kann auch Macht über uns haben. Das kennt jeder, der schon einmal ein Haus gebaut hat. Jetzt geht es nicht nur darum, besser zu wissen und das Gegenteil zu machen, sondern auch, das auszuhalten, was angerichtet wurde, sich zu fügen und zu bitten, damit die Schicksalskräfte aktiv wirken können.«

Roland Günther hatte seine liebste Bienenkönigin für diese Verreibung geopfert. »Ich verstehe nicht, warum ein Tier getötet werden muss, um dadurch etwas zu erfahren«, bringe ich mein diesbezügliches Unwohlsein zum Ausdruck. »Wir haben ein eigentümliches Verhältnis zum Tod«, erklärt er mir, »dabei ist er Teil der Natur. Den Tieren ist es höchste Freude, uns zu dienen und zu schenken. Verreibungen sind heilige Zeremonien. Ich hatte mit meiner Bienenkönigin gesprochen, hatte ihr gesagt, was wir vorhaben, und sie hatte zugestimmt. Dennoch gestehe ich, es tat mir weh.« Der *indianische Weg* ist Teil von Rolands Leben. Als adoptiertes Mitglied eines kanadischen Indianerstammes hat er sich tief mit der Spiritualität amerikanischer Ureinwohner verbunden. »Ich bin Sonnentänzer.« Ein Sonnentänzer setzt sich extremen Schmerzzuständen aus. Dadurch gerät er in einen anderen Bewusstseinszustand, kann Visionen bekommen, die ihm Antworten auf Fragen des Lebens geben. »Und ich habe viele Jahre in einem kanadischen Indianerreservat an dieser hohen religiösen Zeremonie teilgenommen. Dabei habe ich erfahren, dass Schmerz und Liebe aufs Innigste miteinander verbunden sind. Opfer haben Platz im Leben, und der Tod gibt Leben.«

*Wir befanden uns
im Herzen des Geheimnisses, ...
... die Bienen – sonnenliebenden
Geschöpfe – schliefen nicht in ihren
Bienenstöcken, sondern waren
draußen unter dem Vollmond, ...*

Simon Buxton
Bienenmeister, Autor
aus: *Der Weg des Bienenschamanen*, S. 160,
Quelle 15

*Ich fühlte, wie das Heilige Gift
in meinen Blutstrom gelangte,
und beobachtete, wie die Biene
sich spiralförmig bewegte,
um ihren Stachel herauszuziehen,
ohne darüber ihr Leben zu verlieren.*

Simon Buxton
Bienenmeister, Autor
aus: *Der Weg des Bienenschamanen*, S. 176,
Quelle 15

*Der herkömmliche Imker mag
vielleicht seine Bienenstöcke in die Heide
stellen, um dort die Bienen den besten Honig
sammeln zu lassen, aber wir bringen
unsere Stöcke hierher – nur diese zehn,
aber das reicht aus. Die Bienen sammeln
den Pollen und Nektar von diesen Pflanzen
und produzieren einen Honig,
der das Ambrosia, die Quintessenz
der Pflanzen ist, alles in einer Konzentration,
die – zumindest soweit sich die Lebenden
erinnern können, junger Twig – noch nie
einen umgebracht hat.
Den Bienen wird etwas über den Kandidaten erzählt,
der zum ersten Mal den Honig einnehmen wird,
und sie sammeln dann gerade soviel
von den psychotropen* (Anmg.: bewusstseinsverändernden) *Pflanzen,
um die entsprechende Erfahrung zu bewirken;
es ist ihr heiliges Rezept.
Ein paar Pollenkörner, einige wenige Tropfen Honig –
das macht die ganze Entfernung aus,
welche zwischen der Erfahrung
dieser Welt und der Erfahrung der Anderswelt liegt.
Ich war sprachlos angesichts der Information,
dass die Bienen diese mystische Flugsalbe* (Anmg.: auch Hexensalbe
genannt, bewusstseinsverändernde Substanz) *produzierten
und dazu noch in genau der Dosierung, die dem
Neophyten* (Anmg.: Neuling) *am zuträglichsten war,
wobei die Bienen selbst
die notwendigen präzisen pharmazeutischen
und energetischen Arbeitsabläufe durchführten.*

Der Bienenmeister Bridge
aus: *Der Weg des Bienenschamanen*, S.164, Quelle 15
von Simon Buxton

Vorbemerkung zur honigbienen-weissagung

David Carson

In einem magischen Garten blüht eine weiße Blume. Die liebliche weiße Blume wächst im Herzen der menschlichen Seele. (S.44, s.u.)

Mit diesen Worten beginnen David Carson und Nina Sammons, von der Biene zu erzählen. Die beiden Amerikaner schrieben das *Orakel 2013 – Karten zum neuen Zeitalter*. Nina ist Autorin und Dokumentarfilmerin. David ist *Choktaw* (nordamerikanischer Indianerstamm) und wurde von einigen authentischen Schamanen als ein ebensolcher erkannt, wie er mir mal geschrieben hatte, bezeichne sich selber aber lieber als Autor. David hält weltweit Vorträge und arbeitet mit Schamanen von Sibirien bis Hawaii. Der Biene ist eine der Karten gewidmet, genau genommen der 6. Zählkarte mit dem Thema *Lehre* (David Carson & Nina Sammons, 2013 Orakel, Karten zum neuen Zeitalter, S.44f, Quelle 4) *Vor langer Zeit wurde ein Mensch, bevor er Lehrling eines spirituellen Systems wurde, aufgefordert, erst den Rat der Bienen einzuholen,* schreiben die beiden Autoren. *Die Biene ist die Schamanin der Blume. ... Bienen kennen sehr gut den Schönheitsweg, die Schönheitspfade. ... Spirituelle Lehren werden mit schönen Blumen auf einer saftigen Wiese verglichen. Die Biene folgt ihrer Intuition, während sie von Blüte zu Blüte fliegt. In gleicher Weise muss der Lehrling seiner Intuition folgen, um die Lehren zu verstehen. Der Suchende ist von Blumen mit guten und bösen Blüten umgeben. Es braucht Sehvermögen, Charakter, Arbeit, um zu spirituellem Wissen zu gelangen. Vor allem aber muss man nach der höheren Oktave des heiligen Tons horchen, so wie eine Blume*

der über ihr schwebenden, summenden Biene lauscht. Dieser summende Ton und seine Vibration ist Vorbote eines vollständigen Bewusstseinswandels. Er ist der nächste Schritt unseres sich entfaltenden Wesens. – In den geheimen Initiationszeremonien nahm die Biene als Symbol eine zentrale Rolle ein. In diesen Riten waren Einheit und Gruppendenken von großer Bedeutung. Die Bienen lehren uns, dass es noch andere Kommunikationsformen außer der unseren gibt. Die Bienen kennen die Regeln der geometrischen Schöpfungsordnung. Sie lehren uns, dass der Suchende den bewussten Wunsch in sich trägt, einen beispielhaften Weg hin zu spiritueller Weisheit zu beschreiten.

Fällt die Karte der Biene in unsere Hand, dann ist es laut diesem alten Orakelsystem folgende Nachricht an uns: *Die Biene fordert dich auf, die süße Blumenessenz der mystischen Rose zu finden. Lehre bedeutet Suchen. Lehre bedeutet spirituelle Schule. Es bedeutet, den Weg zu erlernen. Erst musst du den spirituellen Lehrer in dir selbst finden. ... Die Lehre der Biene ist das offene Herz. Sie ist das Geheimnis in der Blume der Blumen. ... Mache dich jetzt auf zur weißen Blume und gewinne ihren reichen Nektar. Das ist der Weg der Biene.* (David Carson & Nina Sammons, 2013 Orakel, Karten zum neuen Zeitalter, S.46, Quelle 4)

Ich hatte David vor einem Jahr per Email angeschrieben, weil mir in dieser Zeit wiederholt in ungewöhnlichsten Situationen Bussarde in mein Blickfeld fielen. David ist außerdem Ko-Autor der *Karten der Kraft – Ein schamanisches Einweihungs-Spiel in den Pfad der Tiere,* wie es von der *Deutschen Windpferd Verlagsgesellschaft* genannt wurde. *Unsere Mitgeschöpfe, die Tiere, haben Verhaltensweisen, welche jedem, der wach genug ist, ihre Lektion über das Leben anzunehmen, diese Heilbotschaften vermitteln können,* heißt es darin (s.o. S.12, Quelle 58). Und ich erhoffte mir, von David zu erfahren, was wohl die ständig wiederkehrende Begegnung mit diesem Vogel bedeuten könnte. Zu meiner großen Freude erreicht mich schon wenige Tage später sein Antwort-Email, die zum Anfang eines sporadischen Gedankenaustausches wurde. Als ich ihn eines Tages über sein Leben befragte, entschloss er sich, mir kurzerhand *Crossing into Medicine Country* (Arcade Publishing, Inc., New York) zuzuschicken. In dem Buch erzählt er seine persönliche Geschichte in den Einweihungsweg zum *ceremonial healer (zeremonieller Heiler).*

Und da lese ich auf einer seiner ersten Seiten, dass *Agnes Whistling Elk* nicht nur eine seiner ersten Lehrerinnen, sondern zugleich seine Tante gewesen war. Hier hatte wieder einmal das Schicksal seine Spuren gezeigt. Denn ich hatte von *Agnes Whistling Elk* viele Jahre vorher durch ein Buch einer ihrer Schülerinnen *gehört,* und das, was ich da wahrgenommen hatte, nahm mich sehr für sie ein. So sehr, dass ich eines Nachts von ihr träumte. Ich fragte sie, ob sie meine Lehrerin werden würde. Und sie antwortete schweigend, in dem sie zustimmend mit ihrem Kopf nickte. Jetzt hatte ich auf diesem Wege ihren Neffen kennengelernt.

Und so erzählte ich David vom Bienenbuch, an dem ich gerade arbeiten würde. Woraufhin er mir das folgende *reading* mit der Erlaubnis schickte, es im Buch zu veröffentlichen. Er hatte um Antworten zum bedrohlichen Sterben der Bienen gebeten und deshalb das *2013 Orakel* befragt.

Ganz zufällig hatte ich genau zu jenem Zeitraum mit ihm Kontakt aufgenommen.

Und hier ist die Nachricht an uns ... ungekürzt, unerklärt und möglichst wortgetreu übersetzt – zum intuitiven Erfassen dieser bildreichen Sprache.

honigbienen-weissagung

Copyright David Carson
Original: www.2013oracle.com/readings.html
Übersetzung Angelika C. Braun

Blitzlicht!
Nachricht von Mutter Natur an die Menschen.
Milliarden toter Bienen. Mehr sterben.
Beachte die Biene.
Bienensummen ist ein Mantra.
Das Mantra ist ein kontinuierliches Gebet.
Das Gebet wird von Schmetterlingen weitergetragen, von Fledermäusen, Vögeln und anderen Wesen, die mitten unter den Blumenblüten leben.
Gebet. Mantra. Das Summen der Bienen.
Was füllt die Lücke, wo das Summen war?

Eine schöne Frau steht inmitten eines Feldes mit bunten Blumen. Sie ist umgeben von spiralförmig sich bewegenden Bienen, die sie umschwärmen und den Urton der Schöpfung in ihr Zentrum senden. Sie ist die Seele des Bienenvolkes, die Mondgöttin. Direkt vom Bienenstock formen Ströme von Bienen einen Klangtrichter und werfen feine tanzende Schatten. Bienen fliegen überall um sie herum, vibrieren ihre offenbarende Nachricht in heiliger Ekstase.

Wir haben uns zu einer Auslegung mit dem *2013 Orakel* (*2013 Orakel, Karten zum neuen Zeitalter*, David Carson & Nina Sammons, Verlag Die Silberschnur, 2007, Quelle 4) entschlossen, den uralten Schlüsseln zum *Aufbruch ins neue Zeitalter 2012*. Das *2013 Orakel* ist eine Methode zur Weissagung, die auf dem Wissen gründet, das von Amerikas uralten Hügel- und Tempelanlagenkulturen (A.d.Ü.: Nord-, Süd-, und Mittelamerikas) hinterlassen wurde, und die eine Zeit von enormem planetarischen Wandel vorhergesagt hat. Und diese Zeit ist jetzt. Der Umbruch liegt vor uns, – und viele alarmierende Zeichen haben begonnen, in Erscheinung zu treten. Das *Orakel* bietet Orientierungshilfe und ist auf einzigartige Weise geeignet, die Bedeutung des Phänomens der verschwindenden Bienen aufzuspüren.

Die folgende Auslegung wurde in Santa Fe, New Mexico, gemacht.

DIE AUSLEGUNG

Frage:
Warum ziehen die Honigbienen davon und worauf deuten die Zeichen hin?

(1) Obsidianmesser (Anm.: Kartenzahl 9 der Zwanzig Zählkarten, TRENNUNG)

Die Zeit ist jetzt, und auf den spirituellen Ebenen braut sich ein heftiger Sturm zusammen. (s.o., S.55, Quelle 4)

Ja, die Zeit ist jetzt. Die mit der Sonne tanzende Biene befindet sich im Herzen der Zeitmessung, und in ihrem Zentrum ist *Obsidianmesser*, die Zunge der Biene. Das *Messer* steht für Opfer. Wir lernen etwas über unsere wesentliche Natur vom *Messer*, das uns die Notwendigkeit lehrt, Opfer zu bringen. Das Bienengeschlecht ist in jeder Hinsicht makellos. Die Honigbiene verbringt ihr Leben damit, für Nahrung und das Wohlergehen des Bienenvolkes zu sorgen und sein Überleben zu sichern. Sie ist nicht herabgesetzt durch die Opfer, die sie zum Wohle aller bringt. Sie bewegt sich in perfektem Gleichgewicht auf Messers Schneide des *Obsidianmessers*.

Die Honigbiene durchforscht den Spiegel der Natur und kann kein Abbild von Harmonie und Schönheit finden, die sie zu verkörpern anstrebt. Honigbienen entscheiden sich, in die geistige Welt zu gehen. Eine Biene ist verbunden mit allen Bienen. Eine Biene hat ein Tor gefunden und ist davongezogen. Viele Bienen sind gefolgt, und ihr Weggang signalisiert folgendes: Wenn Menschen ihr Schicksal auf Erden basierend auf einem segensreichen Leitbild gestalten wollen, müssen wir erneut eine gemeinsame Ausrichtung mit dem Geist des Bienenstocks lernen. Die Zeit ist abgelaufen. Wir müssen es jetzt tun. Wir müssen Opfer bringen.

(2) Kosmisches Ei (Anmkg.: Kartenzahl 19 der Zwanzig Zählkarten, REIFUNG)

Das Ei der Eier wurde im Innern des Nichts ausgebrütet. (s.o., S.95, Quelle 4)

Folge Venus, der Biene im Sturzflug, der Lichtbringerin. Das *Kosmische Ei* ist Wahrheit und Licht. Das *Ei* bricht auf, und großes Licht ist geboren. Hol der Bienen reinigendes Licht ins Zentrum des menschlichen Lebensbereichs. Das *Kosmische Ei* beinhaltet den Schlüssel, unsere Leben zu erhalten. Was schlummert in unserem Geschlecht? Was ist schädlich und was gesund? Was sind die Blutplättchen neuen Lebens und Seins? Man muss aus inneren Quellen schöpfen, um eine *neue Welt* auszubrüten. Wir müssen schnell handeln. Bald wird das trennende Messer zustoßen. Alte Muster werden abfallen. Eine *Neue Sonne* baut sich auf. Keine Zeit, um alten Gewohnheiten nachzutrauern. Wir müssen umgehend von Lügen ablassen und Wahrheit umarmen. Wir müssen die Nabelschnur durchtrennen und im Atem des neuen Bewusstseins neugeboren leben.

(3) Geist-Kanu (Anmkg.: Kartenzahl 6 der Dreizehn Zählkarten, REISE))

Begib dich schonungslos in die entlegensten Winkel deines Herzens und deiner Seele. (s.o. S.127, Quelle 4)

Genau wie Bienen uns buchstäblich die Rückkehr zum Geistigen zeigen, fordert

Geist-Kanu eine gleichnishafte Auseinandersetzung mit der geistigen Welt. Das *Geist-Kanu* bedeutet eine Reise und die dringliche Erfordernis, Materie und Geist miteinander zu verbinden. Letztendlich unterscheiden sie sich nicht. Die *Geist-Kanu-Paddler*, alte und ruppige übernatürliche Wesen, die Zigarren paffen, bieten an, uns flussaufwärts zu bringen, um den Kosmos nach Lösungen für Krieg, Habsucht und Entwürdigung des Lebens auf der Erde zu erkunden. *Geist-Kanu* nimmt uns ins Getriebe des Lichtwebens, die Lichtmatrix, die wir Zeit nennen. Niemand kann diese Reise für dich festlegen, die dich tief in den Geist der Geistwelt tragen wird. Diese Anordnung ist eine klare Nachricht, die Reise anzutreten, um Verständnis über unser wahres Abbild innerhalb des Lebensspiegels zurückzuholen. Indem wir unser wahres Selbst im Zentrum dieses Spiegels sehen, entwickelt sich Liebe für alle Wesen – von den Unbedeutenden bis hin zu denen in Amt und Würde.

(4) Alligator. (Anmkg.: Kartenzahl 1, REGENERATION DER WELTEN)

Der Alligator fordert dich auf, das Heilwasser des Lebens zu finden. (s.o., S.27, Quelle 4)

Alligator war der erste *Hügel- und Tempelbauer*. Die architektonische Bauweise der Tempel und Hügel verbindet Himmel und Erde. *Alligator* war die erste Kraft des Kosmos. Der uralte Beobachter *Alligator* warnt vor dem bevorstehenden – schnellen und schonungslosen – Wandel. Bienen und ihre verschwindende, versiegende Zahl offenbart auch Wandel und Übergang. Menschen aus *alter Zeit* verstanden die Beziehung zwischen Bienen und der Pflanzenwelt. Diese Verbindungen bilden ein lebendiges Gefüge. Die kostbaren Blumen existieren nicht ohne die Bienen. Das Wohlergehen der Bienen und der Geist der Blumen sind voneinander abhängig. Bienen und Blumen leben zusammen in einer Verbundenheit vibrierender Harmonie. *Alligator* ist Zeuge der Ankunft und Zerstörung sämtlicher vergangener Welten. Sie ist die Wächterin, und mit einem Schlag ihres kraftvollen Schwanzes kann sie die Strömungen unseres Daseins verändern. Wir haben gerade *Gehe los* überschritten. Fahre fort, entsprechend. Jetzt ist die Zeit, die Schönheit der natürlichen Welt zu suchen und sich um Eintracht zu bemühen.

(5) Die Große Totenkopf-Frau. (Anmkg.: Kartenzahl 0 der Dreizehn Zählkarten, ERINNERUNG)

Ich warte auf dich am Ende der Nacht (s.o. S.157, Quelle 4)

Die *Große Totenkopf-Frau* sagt: *Kopf hoch. In deiner Zukunft steht ein Tod an, und es ist dein eigener.* Der Tod ist ein Spiegel, ausgerüstet mit unbegrenzter Schöpferkraft, eine Landkarte der Innenschau, um deinen Frieden im Innern der unendlichen Stille zu finden. Der *Stamm der Bienen* befindet sich in einem Wandel. Die Zeichen sind sichtbar; das Menetekel zeigt sich. Die *Große Totenkopf-Frau* starrt uns aus ihren Löchern in ihrem Kopf an. Ihre hohlen Knochen flüstern – flüstern.

Quetzalcoatl (A.d.Ü.: Himmelsgott) reiste in das *Land der Toten*. Er ging, um nach den Knochen der Menschen zu fragen, die sorgfältig von der *Gebieterin und dem Gebieter der Toten* geschützt wurden. Er unternahm diese Reise, um diese speziellen Knochen zurückzuholen, damit er Menschen erschaffen konnte, die auf der Erde leben, denn eine Katastrophe hatte sämtliches Leben der vorherigen Welt zerstört.

Die *Götter und Göttinnen der Unterwelt* sahen missbilligend auf *Quetzalcoatl*. Sie fragten ihn: *Was willst du mit diesen Knochen tun?* Er dachte über die Frage sorgfältig nach und antwortete dann: *Ich habe Verständnis für eure Zurückhaltung. Ihr seid besorgt darüber, wer auf der Erde leben wird.*

Die *Götter* entließen *Quetzalcoatl*, um sein Ersuchen zu besprechen. Sein Vorstoß wurde von diesen machtvollen Wesen als aussichtslose Sache angesehen. Sie hatten keinerlei Absicht, seinen Antrag anzuerkennen. Die *Götter* waren nicht gewillt, ihm zu helfen. Stattdessen machten sie ab, *Quetzalcoatl* eine Falle zu stellen, um mit ihm und seiner absurden Idee, Menschen erschaffen zu wollen, fertig zu sein. Die *Große Totenkopf-Frau* wies ihm eine einfache Aufgabe zu, die dazu angelegt war, seinen Misserfolg zu besiegeln.

Sie wies *Quetzalcoatl* an: *Lauf mit den Knochen um meinen Jadering vier Mal, währenddessen blase auf dieser Muschelschale. Wenn du diese Aufgabe zu Ende bringst, können die Knochen mit dir gehen.* Die Muschelschale war brechend voll mit dichtem Material, das *Quetzalcoatls* Atem daran hinderte, sich innerhalb der Muschelkammer seinen Weg zu bahnen. Sofort wurde ihm das Problem bewusst, und er wusste, dass er um die Kräfte seiner Verbündeter, der Biene, ersuchen musste. Nachdem das Paar beratschlagt hatte, stimmte *Biene* zu, *Quetzalcoatl* dabei zu helfen, die *Große Totenkopf-Frau* zu überlisten. Biene würde helfen, die menschlichen Knochen auf die Erde zurückzubringen. Sie entschieden, *Wurm* in den Dienst zu nehmen, um einen Tunnel durch die verstopften Muschelgänge/Windungen der Muschel zu graben. *Biene* würde dann die Muschel Stück für Stück vor der Nase von *Große Totenkopf-Frau* leeren. Die Muschelkammer war schnell geleert. *Quetzalcoatl* blies vier kräftige Töne auf der Muschel, während er um den Jadering marschierte. Die Versammlung starrte in verblüffter Stille, als *Quetzalcoatl* die Knochen nahm und sich umdrehte, um wegzugehen.

Biene sammelte ihre Schwestern und Brüder und folgte *Quetzalcoatl* auf die Erde. Zusammen schufen sie ein feines Netz kreuz und quer über das Angesicht der Erde, um die Menschen zu nähren und zu beschützen. Der *Stamm der Bienen* schwor, Begleiter und Verbündeter zu sein und die Süße der Blumen und Pflanzen bis zum Beginn der *nächsten Sonne* miteinander zu teilen.

(6) Grashüpfer. (Anmkg.: Kartenzahl 13 der Zwanzig Zählkarten, TODESMUTTER)

Wenn wir die Erde schützen, schützen wir uns selbst und alles künftige Leben. (s.o., S.73, Quelle 4)

Grashüpfer leitete das *fühlende Leben* aus den Tiefen im Innern der Erde bis in unsere gegenwärtige Welt. *Grashüpfer* war die erste Mutter, und wir sind alle Brüder und Schwestern, geboren von *Mutter Erde*. *Mutter Grashüpfer* sagt dir, dein Leben und deinen Platz im Kosmos zu genießen. Erobere dir deine Kräfte zurück, die bis an die Oberfläche der Erde strahlen, die aus den Tiefen der Magma kommen, das wogende Blut des Lebens unseres Planeten. Lang tief hinunter in die wogenden Heilströme der Wasser alter Tage – ein sauberes und reines Fließen aus einer Zeit vor der Zeit. Greif nach den schlafenden Kräften des Lebens, die zu dir drängen – Kräfte von grünen und wachsenden Dingen. *Biene* und *Grashüpfer* erzählen dir davon, mit den andern auf übernatürlichen Ebenen zu kommunizieren oder deine übersinnlichen Projektionen von Liebe und Wohlbefinden denen zu schicken, die es brauchen. Solltest du Vorahnungen haben von Ereignissen, dann solltest du im Vertrauen auf diese Erkenntnisse handeln.

(7) Hirschmensch. (Anmkg.: Kartenzahl 7 der Zwanzig Zählkarten, MITGEFÜHL)

Der Hirschmensch gibt uns die Macht zu handeln oder nicht zu handeln, wenn wir Problemen gegenüberstehen, die unseren Verstand verwirren. (s.o., S.49, Quelle 4)

Venus, der Stern der Morgenröte, von den Alten auch Hirschstern genannt, kündigt die Ankunft der Neuen Sonne an. Biene ist eine Meisterin der Alchemie. *Hirschmensch* strahlt mit einer unermesslichen Fähigkeit alchemistische Kraft aus, die Herzen und Verstand zu verändern vermag. Er öffnet die Gemüter engstirniger Menschen und berührt die Herzen jener, die sehr gehässig und zornig sind. *Hirschmensch* steht für Mitgefühl und hat Begeisterung für alles Leben. Sein Geweih ist eine kosmische Antenne, die weltweit stärkende Kräfte in planetarischen Dimensionen leiten kann. Es heißt, seine Hörner sind fest mit dem Lebensbaum, unserer Milchstraße, verbunden und als solche in Einklang mit Weisheit, die jegliches Verständnis übersteigt. *Hirschmensch* sagt dir, gib dein Geld dorthin, wo dein Herz ist, und wenn du das tust, fließt Lebensunterhalt zurück, voller Segen aus den Herzen der anderen. Bienen schwingen innerhalb der sechseckigen Zellen, verrichten alchemistische Kunststücke jenseits menschlicher Vorstellungskraft. Folge dem kürzesten Weg ins Herz der Sonne und vertiefe immerwährend das Mitgefühl für uns selbst und andere.

(8) Motte. (Anmkg.: Kartenzahl 18 der Zwanzig Zählkarten, INNERES LICHT)

Wenn du dieses Licht suchst und findest, hast du eine spirituelle Fackel, die dich in Zeiten der Dunkelheit leiten wird. (s.o., S.93, Quelle 4)

Motte sagt, die Antwort auf die Bienenfrage wird durch inneres Licht und innere Führung gefunden. Bereite dich auf visionäre Erfahrungen vor. Träume werden deutlicher. Zukünftige Wahrnehmungen werden eine Qualität von Unwirklichkeit annehmen und umgekehrt. Vielleicht wirst du selbst übernatürliche Bereiche mit unvertrauten Fähigkeiten rühren. Du wirst dich an fernen Orten antreffen oder Ereignisse sehen können, die an weitab gelegenen Orten stattfinden. Du wirst Ereignisse vorhersehen können.

Ehemals verborgene Tore öffnen sich, um dich auf Pfade zu geleiten, wo du unbekannte Musik hören wirst, wo du das Unsichtbare berührst und dessen ultimative Kraft erkennst. *Motte* lehrt dich, die Dunkelheit zu umarmen, um sich auf die Rückkehr des *Großen Lichts* vorzubereiten. Sie ist das Symbol für Reisen zwischen den Dimensionen – eine Suche nach dem vollkommenen Licht. Unsere Leben haben sich langsam in Richtung dieser *erleuchteten* Welt bewegt. Die Annäherung ist beschleunigt.

(9) Die mit dem Schlangenrock. (Anmkg.: Kartenzahl 12 der Zwanzig Zählkarten, HEILERIN)

Ihr Rat an dich ist es, dir den spirituellen Ursprung, die Ordnung und die Lehren anzusehen, auf denen deine Probleme beruhen. (s.o., S.68, Quelle 4)

Die mit dem Schlangenrock fordert dich auf, dein Herz mit deinen Taten in der Arbeit, die du tust, zu verbinden. Sie ist die *Heilerin mit der Klapper*, die deine Energien hebt und dir Begeisterung vermittelt. Wir bewegen uns auf einen höheren kollektiven Seinszustand und eine höhere Schwingung zu. In diesem Prozess sind die Bienen unsere Lehrer und Beschützer. Sie bieten uns ein Lehrmodell an, um miteinander im Licht einer *Neuen Sonne*, Gemeinschaft aufzubauen. Der gleiche Geist kann die Menschheit in unser kollektives Schicksal führen und uns den schöpferischen Willen geben, um neue Seinsstrukturen zu gestalten, Strukturen, die dem Menschengeschlecht dienen – keine Muster, die den *Bienenstock* zerstören und eine Zukunft formen, die unhaltbar ist. Rufe *Biene* herbei, denn für *Diving Bee, die Biene im Sturzflug*, ist es der *Weg der Venus*, der Weg gelenkter Energie und die Weisheit, Materie mit Geist zu durchdringen.

Die mit dem Schlangenrock ist eine Heilerin und Hebamme, die Geburt erleichtern hilft. Jetzt lindert sie die Geburtswehen der *Neuen Sonne*. Sie ist die Hüterin der Pflanzen, sowohl der psychoaktiven als auch heilenden Substanzen. Die Menschheit und die Erde brauchen Heilung wie nie zuvor. *Die mit dem Schlangenrock* zeigt uns an, den Rhythmus eines gesunden spirituellen und physischen Lebens wiederzufinden. Beherrsche deine Energie auf jeder Ebene. *Die mit dem Schlangenrock* besitzt verwirklichte weibliche Energie, um Probleme mit enormer Kraft zu bewältigen. Habe keine Angst vor dieser uralten, weisen Energie.

Wenn du Ohren hast, höre mich jetzt, sagt die *Alte Frau. Hör zu. Leg deine Häute ab, die dich gefangen halten. Bewege dich durch die Dimensionen. Das ist das Schicksal der Menschheit. Und jetzt ist unser Zyklus der Vervollkommnung.*

Worte zum Ausklang Zufälle... und noch mehr

Angelika C. Braun

Du hast die Wahl, welchen Weg du gehen willst, sagte der Bienenmeister zu Simon Buxton (Simon Buxton, Der Weg des Bienenschamanen, S.54, Quelle 15), als er ihn einlädt, sich in den *Pfad des Pollens* einweihen zu lassen. *Du kannst den Weg zurückgehen, den du gekommen bist. Du kannst dich umdrehen und wirst eine offene Straße vor dir finden. Oder du kannst auf einen Seitenweg abbiegen, einen Weg mit vielleicht weniger Hindernissen – einen, der es wert ist, in Erwägung gezogen zu werden, mein Junge! Direkt vor dir jedoch liegt ein Ort voller Kämpfe und Herausforderungen. Genau hier stehe ich jetzt und warte auf dich. ... Ich möchte dich einladen, mein spiritueller Sohn zu werden.*

Die Wahl meines Weges, scheint auf dem *Pfad des alltäglichen Lebens* zu liegen. Vielleicht ist es ein nicht so spektakulärer wie der von Simon Buxton, in dessen *Einweihungszeremonien* er sich selbst als eine von ihnen, als Drohne erlebt, der auf dem Weg hin zur Verbindung mit dem Naturgott, dem Beschützer der Bienen, einen Hirsch rituell tötet, der im Feuertanz das *Lied der Schöpfung* durchlebt, der lebendig begraben wird, um zur *Quelle, unserer wahren Mutter* zurückzufinden, und der die Welt zwischen Raum und Zeit erfahren durfte, – Erfahrungen, die die *Fundamente seiner Identität zutiefst erschüttert* hatten – dennoch, meiner ist für mich herausfordernd genug. Meine Einladungen vernehme ich in den sich immer wieder neu entfaltenden Konfrontationen mit mir selbst. Es sind die andauernden Entscheidungen über das *Wie* meines Umganges mit mir. Und nicht selten ist es mir ein Bedürfnis, einfach *umzukehren*, es mir leicht zu machen ... meinem Egoismus freien Lauf zu lassen, statt mich dem hinzugeben, von dem ich innerlich genau weiß, dass es mir bekömmlicher wäre – und ich damit auch meiner Umwelt *erträglicher* bin. Es ist die tägliche Entscheidung zur Rückbesinnung, der *Religio(n)*. Und ich bin froh, nur so weit gefordert zu sein, wie ich auch imstande bin, damit fertig zu werden. Nicht mehr, aber auch nicht weniger. Darauf kann ich vertrauen. Das habe deutlich im Zusammenhang mit der Fertigstellung dieses Buches erlebt.

Ein Konzept hatte ich nicht. Eher schien es mir von Anbeginn meiner Arbeit, als würde das Buch einem eigenständigen Wesen gleichkommen, das *mir* zeigen würde, wie es sein wollte. Das führte zu einem immer neuen Werden, wobei gerade in dem Augenblick, wo ich das Eine abzuschließen meinte, sich ein Anderes offenbarte, das das Eine wieder abrundete, und sich so das Ganze nach und nach, wie von einem unsichtbaren Netz gesponnen zu fügen begann – bis zu dem Moment, wo ich innerlich nichts mehr zu *hören* vernahm. – Rückblickend frage ich mich oft, wie *ich* es zustande brachte ... wahrscheinlich eben nicht, und genau das ist das kleine Wunder, das mich dann im Moment der Erkenntnis *still* werden lässt. Nicht aus Bescheidenheit, wohl aber wissend, dass *ich* Ideen nicht produzieren kann, sie kommen und gehen. Woher

und wann? Ich weiß es nicht. Dennoch sind sie durch mich umgesetzt worden, und darin paart sich die Stille mit großer Freude und innerem Zufriedensein.

Die meisten Imker *fühlen sich doch ... in einer Art Bruderschaft miteinander verbunden,* sagte der Bienenmeister Bridge seinem spirituellen Sohn. (Simon Buxton, *Der Weg des Bienenschamanen,* S.39, Quelle 15) Ich glaube, auch alle Suchenden, *Wanderer* auf dem Weg zu bewussten und eigenverantwortlichen Menschen, sind auf irgendeine Weise miteinander verwoben. Wir gehen *den Weg* allein, gleichwohl sind wir es nicht. Das empfinde ich als äußerst ermutigend. Und all jene, die diesem Buch ihren Charakter gaben, stehen exemplarisch dafür. Sie wurden genau dann in mein Blickfeld gerückt, wenn es gerade an der Zeit für mich war. Simon Buxton und *Der Weg des Bienenschamanen* fiel in meine Aufmerksamkeit, als ich schon glaubte, am Ende meiner Arbeit angelangt zu sein. Dennoch war ich alles andere als überrascht, hatte ich mich doch schon zu Beginn meiner Arbeit gefragt, ob es wohl einen Bienenschamanismus gebe. Ich hatte beabsichtigt, den Anthropologen und Schamanismusforscher Michael Harner zu kontaktieren, um ihn danach zu fragen ... aus welchen Gründen auch immer, ich tat es aber nicht, stattdessen hielt ich eines Tages als Antwort Simon Buxtons Autobiografie in meinen Händen. Auch Bücher können wichtige Begegnungsstätten sein, durch die wir uns persönlich treffen, ohne uns je persönlich getroffen zu haben.

Ich glaube, es waren alles schicksalshafte Begegnungen, durch die wir in der Gemeinsamkeit dieses Buch erwachsen lassen durften – gerufen von den Bienen, oder ihren geistigen Führern, oder jener höheren Intelligenz, die webt, lenkt und gestaltet, und auf die ich das eine oder andere Mal besser hätte hören sollen. So stellte ich zum Beispiel einen Tag vor Abflug zu einem meiner Gesprächspartner fest, dass keine Buchung erfolgt war. Ein ungewöhnlicher Moment, denn ich bin gerne präzise und ein solcher Fehler unterläuft mir eigentlich weniger. Um meinen Kopf dennoch durchzusetzen, buchte ich kurzfristig einen neuen, einen weitaus teureren. Hätte ich doch die Zeichen wahrgenommen, es wäre mir einiges im wahrsten Sinne des Wortes erspart geblieben. Der Gesprächspartner war in der Tat für das, was ich vorhatte, nicht geeignet gewesen. – Ich habe während der gesamten Zeit immer wieder um Hilfe gebeten und fühle mich im Kern in erster Linie als diejenige, bei der die Fäden zusammenliefen, und die die konkrete Arbeit umgesetzt hat.

Die Bemerkung eines Mannes, der mir aufgrund meines Artikels in der Imkerzeitung geschrieben hatte, nahm ich mir sehr zu Herzen. Er hatte sich als Hobbyimker vorgestellt, der *Zen* praktiziere. Für ihn hätten die Bienen das *absolute Sein*, schrieb er mir. Und er wolle mich darauf aufmerksam machen, dass man nicht fotografieren kann, *ohne die Harmonie im Bienenvolk zu stören*. Als Konsequenz daraus fügte ich mich in den n*ormalen* imkerlichen Betrieb ein, arbeitete ohne Blitz oder zusätzlichem künstlichen Licht, sagte den Bienen, was ich tat und war bemüht, herauszuspüren, ob ihnen meine Anwesenheit akzeptabel war.

Als ich nach mehrmonatiger Arbeit von Zweifeln übermannt wurde, ob das Buch je seinen Weg in die Öffentlichkeit finden könnte, entschloss ich mich, eine renommierte ehemalige Verlegerin per E-Mail anzuschreiben. Ich hatte ihr ein Jahr zuvor meine fotografischen Arbeiten gezeigt und war dabei auf ihr Wohlwollen gestoßen. Das gab mir Zuversicht. Jetzt wollte ich wissen, was sie über das Bienenvorhaben denken würde. Es sollte kein Tag vergehen, da erreicht mich ihre Antwort: *Liebe Frau Braun! Ich habe mich sehr gefreut, von Ihnen wieder zu hören und vor allem die wunderschönen Bilder zu sehen. Sie rennen bei mir offene Türen ein: Meine Schwester arbeitet in einer spirituellen Tierkommunikationsgruppe mit und die Nachricht an mich war, die Bienenbotschaften aktiv an die Öffentlichkeit zu bringen! Und schon kommen die Bienen angeflogen ... Sehr gern würde ich Sie bei dieser Arbeit begleiten und sie dann auch in die richtigen Kanäle leiten. Herzlichen Gruß.*

Ungefähr ein weiteres halbes Jahr verging. An einem Sonntag klingelte mein sonst so schweigsames Telefon. Meine Mentorin: Ein Anruf zu dieser ungewöhnlichen Zeit konnte nur Außergewöhnliches bedeuten. *Einer der Verleger, dem wir das Projekt präsentiert hatten, ist davon begeistert und möchte es gerne machen,* sagte sie, *aber ...* . – Die Auseinandersetzung mit den Verlagen begann. Es gibt immer wieder ein *Aber* im Leben. Und ich empfinde es als äußerst schwer damit umzugehen – denn frage ich 1oo Menschen zu einem Thema, eine jede oder ein jeder wird ein *Aber* entdecken. Die Gratwanderung zwischen *Einlassen-auf-die-Vorstellung-anderer* und *bei-mir-bleiben* ist nicht einfach. Gerne wollte ich offen sein, die Unvollkommenheiten zum Glänzen bringen, ungerne wollte ich mir das *Herz des Ganzen* herausnehmen *lassen*, wie mir einer der Lektoren unverhohlen gleich zu Beginn unseres Gespräches bekannte. Das Buch wurde abgelehnt, und ich lehnte im Folgenden das Angebot eines kleineren Verlages ab. Stattdessen lernte ich mich in ein Grafikprogramm einzuarbeiten, begann, das Layout zu erstellen und hier und da dem inhaltlichen Ganzen Schliff zu geben. Es folgte eine lange, sehr lange Zeit des *Nicht-wissen-wie-es-weiter-gehen-soll* und des Wartens, warten auf Antworten von denen,

die mir plötzlich nicht mehr antworteten, – und auf inspirierende Eingebungen über das weitere Fortfahren. Nichts schien sich tun zu wollen. Kontakte versiegten. Alles hat seine Zeit. Und jetzt schien nichts mehr in irgendeine Richtung zu deuten. Ich fühlte mich in eine innere wie äußere Wüste gestellt. Vielleicht würde das Buch nie zur Veröffentlichung kommen. *Ohne Netz und Boden sein*, ist es nicht das gewesen, was ich wollte? Genau da stand ich nun. – Vielleicht bedarf es ganz anderer Wege, dachte ich irgendwann, mal schauen – das verführerische Moment Hoffnung war geboren im Gleichklang mit einer erneuten Kraft zum Handeln. Weitergehen. Mit Geduld weitergehen, offen sein, das Ziel nicht aus den Augen verlieren und dem Schicksal *erlauben,* dann zu wirken, wenn es an der Zeit ist, und nicht dann, wann ich will.

Acht Jahre später war es an der Zeit. Es war genau jene, in der ich beschlossen hatte, das Buch *loszulassen*. Und wieder sollte der *Zufall* wirken: Ich war auf einer Jahresfortbildung zur Gewaltfreien Kommunikation. Eine Teilnehmerin fehlte in einem Modul, und so schickte ich ihr die Unterlagen mit einer Bienengrusskarte von mir nach. Darüber kamen wir ins Gespräch über Bienen hin zu meinem unveröffentlichten Buch. Sie las einige Seiten und fragte mich dann: *Hast Du mal den »Verlag Neue Erde« angesprochen?* – Und da war sie wieder: Die Zeit, in der sich im Äußeren etwas bewegt. Ereignisse begannen zu verschmelzen, alles schien sich wieder zu fügen. Ich wusste sehr schnell: Dieser Verlag ist genau der Richtige.

Ich bin dankbar: Allen, die im Kleinen wie Grossen zum Gelingen beigetragen haben, damit *die Botschaft der Biene* in die Öffentlichkeit gelangen konnte. – Ich bin dankbar, dass Sie liebe Leserin und lieber Leser den Bienen Ihr Interesse gewidmet haben und in diese Reise eingetaucht sind.

Mein besonderer Dank gilt Helga Schmidt, meiner Mutter, die immer an mich und an das Buch glaubte und bei alledem bedingungslos unterstützte. Welch seltene Gabe. – Reinhart Heberlein danke ich für die vielen Stunden, die ich ihn zu den Bienen begleiten durfte, um einem großen Teil meiner fotografischen Tätigkeit nachkommen zu können. Ich danke meinen Gesprächspartnern für das Vertrauen, das sie mir entgegenbrachten, ihre Aussagen in meine Schreibfeder zu legen und/oder abdrucken zu lassen. Ich danke sehr dem Verleger Andreas Lentz, der sich für das Buch entschieden hat, und für sein wertschätzendes Miteinander während der Produktion. – Ich danke all den vielen Menschen, die sich im Laufe der Jahre direkt oder indirekt dafür engagiert haben, um *die Bienen zum Fliegen* zu bringen. Und ich danke meinen Lehrmeistern, den Bienen, unseren edlen Lebensbegleitern, – und all jenen *guten Geistern*, die das Projekt und ihre Menschen auf so wunderbare Weise (zusammen)geführt haben.

Das Thema der Honigbienen scheint unerschöpflich. Und zeitlos. Genauso zeitlos, wie unsere Suche. Ungeachtet dessen, dass gegenwartsnahe Inhalte orts- und zeitunabhängig gemeint sind und vor allem Symbolcharakter haben, ist gleichwohl der Bienen- und unser Befinden hochaktuell. Und das ist die Stelle, wo wir alle betroffen sind, sehen Sie das auch so?

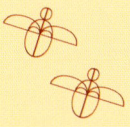

*Ein Fenster öffnen
und eine Biene
aus dem Zimmer lassen -
ist das vielleicht nicht Glück?*

Weisheit aus China
Quelle 59

mein dank

gilt an dieser Stelle insbesondere

der Ölmühle Brökelmann, Bertram Brökelmann:

»Brökelmann + Co., Oelmühle GmbH + Co., Hamm, ist seit 1845 in Familienbesitz. Ca. 1226 ist das ursprüngliche Gründungsjahr der hoheitlichen Dominialölmühle. Ruhend auf drei Säulen, Natur, Mensch und Technik, arbeitet die Ölmühle Hamm seit Jahrhunderten mit einem nachhaltigen Geschäftsmodell. So soll es bleiben. Eine gesunde Umwelt, Boden, Wasser, Luft und Biodiversität sind für eine gute Rapsernte geschäftlich seit jeher Voraussetzung. Die kostenlose Bienenbestäubung der wunderschönen gelben Rapsblüten bewirkt ca. 30% der deutschen Rapsernte von ca. 5 Millionen t. Ohne Bienenbestäubung sinkt die Rapsölproduktion um ca. 600.000 t, Rapsschrot als Proteinfuttermittel um ca. 900.000 t. *Sei fair zur Natur, sei fair zu fleißigen Bienen*. Deshalb unterstützt die Ölmühle Brökelmann + Co. gern den herausragenden Bildband über Bienen von Angelika Braun und dem Verlag Neue Erde.«

der Schweisfurth Stiftung, Prof. Dr. Franz-Theo Gottwald:

durch deren finanzielle Großzügigkeit im Vorfeld der Produktion es möglich wurde, dieses Buch an die Öffentlichkeit zu bringen.

Kontakte

37 - Barbara Sassen
Hedwig-Jahnow-Str. 85, 35037 Marburg
Tel.: 06421-1686303, www.schamanische-praxis.de

51 - Robert Friedrich
Imkerei Friedrich, Schwalbenhof, Am Sportplatz 3, 55608 Berschweiler
Tel. 06752-914744, der.bien@web.de

67 - Monika Friedrich
Eupener Straße 2, 55131 Mainz
Tel.: 06131-223982, www.praxis-lebensbegleitung.de

79 - Markus Bärmann
Fruchtmarktstr. 5, 66482 Zweibrücken
Mail@honigbaermann.de, Face Book: Markus Bärmann (Honeybear)

97 - Norbert Poeplau
Mellifera e.V., Fischermühle 7, Rosenfeld 72348
Tel.: 07428-945249-19

115 - Arno Holderied
Tel.: 08053-796343, arno.holderied@gmail.com

Bienen-Körbe

Günter Friedmann - 149
Demeter-Imkerei Günter Friedmann, 89555 Küpfendorf-Steinheim
Telefon 07329-1495, www.imkerei-friedmann.de

Albert P. H. Muller - 181
BD-Bijenteelt, Niederlande
Tel.: (+31) 0655884435, albert.muller@wxs.nl, www.bdimkers.nl

Dr. Roland H. Günther - 249
3939 Forde Ave, Royston BC, V0R 2V0, Canada
Roland@VancouverIslandHomeopathy.com,
www.VancouverIslandHomeopathy.com
Tel.: 001 250 650 1662

David Carson - 270
David Carson, P. O. Box 3068, Taos, NM 87571 USA
www.medicecards.com, makingmedicine@gmail.com

Simon Buxton - 72, 104,f, 116f, 171, 198-201, 217-219, 221, 257, 264f, 268, 303
The Sacred Trust, PO Box 7777, Wimborne, BH21 9JD, England
Tel: (+44) 01258 840392, www.sacredtrust.org

Wer mehr wissen will

Botschaft und Zukunft der Biene
Tagungsbericht, Bodenseeakademie, Dornbirn, Österreich

Biene, Mensch, Natur, Mellifera e.V., Imkerei Fischermühle, D-72348 Rosenfeld, www.mellifera.de, www.bluehende-landschaft.de, www.Bee-Good.de, stiftungsfond-bienenpflege.de

Varroa - Eine Milbe zieht ihre Kreise,
Dr. Roland Günther, C-4 Homöopathie-Forum, Oberwesel, April 2004

Karafyllis C. Nicole und Günter Friedmann, Kein Honigschlecken: Bienen als ‚Ökosystemdienstleister und natürliche Mitwelt, in: Thomas Kirchhoff et al. (Hg.): Naturphilosophie. Ein Lehr- und Studienbuch. Tübingen: Mohr-Siebeck 2016 (im Druck).

Günter Friedmann, Bienengemäß Imkern, Das Praxis-Handbuch, BLV Verlag, München, 2016

Omraam Mikhaël Aïvanhov
Spiritual Alchemy, Prosveta Verlag
Gedanken für den Tag, Jahrgang 2008, 6. Juli, Prosveta Verlag
Das geistige Erwachen, Bd. 1, Prosveta Verlag
Weihnachten und Ostern in der Einweihungslehre
Yoga der Ernährung
Alchimistische Arbeit und Vollkommenheit

Simon Buxton
Der Weg des Bienenschamanen, Edition Spuren, Winterthur, Schweiz, 2008

David Carson/Nina Sammons
2013 Orakel, Die Silberschnur Güllesheim, Deutschland
Crossing into Medicine Country, Arcade Publishing, USA

Jamie Sams/David Carson
Karten Der Kraft, Windpferd, Aitrang, Deutschland

Remy Chauvin
Tiere unter den Tieren, Fischer Bücherei, Frankfurt, Deutschland

Irene Dalichow
Krafttiere - Boten der Göttin, Goldmann Arkana, München, Deutschland

Witold Ehrler
Homöopathische Postille, Institut für C4-Homöopathie, Freiburg

Ausbrennen der Bienenkästen
Abstreifen der Bienen
Smoker: Rauch beruhigt Bienen

Karl von Frisch
Die Tanzsprache der Bienen, suppose Köln, Deutschland

Maurice Maeterlinck
Das Leben der Bienen, Eugen Diederichs, Jena

Barbara Marciniak
Die Plejadischen Schlüssel zum Wissen der Erde, Schirner Taschenbuch 2009

Rudolf Steiner
Die Welt der Bienen, Herausgegeben und kommentiert von Martin Dettli
Rudolf Steiner Verlag, 2. Auflage 2014

Wolf-Dieter Storl
Pflanzendevas, AT Verlag, Aarau, Schweiz
Ich bin Teil des Waldes, Kosmos Verlag, Stuttgart, Deutschland

Jürgen Tautz
Phänomen Honigbiene, Spektrum Akademischer Verlag, Heidelberg

Jürgen Tautz und Diedrich Steen
Die Honigfabrik, Gütersloher Verlagshaus, Gütersloh, Deutschland

Matthias K. Thun
Die Biene, M. Thun Verlag, Biedenkopf, Deutschland

Michael Weiler
Der Mensch und die Bienen, Verlag Lebendige Erde, Darmstadt, Deutschland

James Honeyborne
Der Mönch und die Riesenhornisse, WDR, 16.7.2007

worldwideweb Trotz sorgfältiger inhaltlicher Kontrolle übernehmen wir keine Haftung für die Inhalte externer Links. Für den Inhalt sind ausschließlich deren Betreiber verantwortlich.

Quellenübersicht Zitate

und Dank für die Inspirationen und deren Genehmigungen zum Abdruck

1) Lilla Watson, Aboriginal elder, activist and educator from Queensland, Australia.
2) Sri Sathya Sai Baba, https://www.quotetab.com, Original: *You may have a vast scholarship, fame or fortune. But, the bee can give you a lesson on how to be free from torment*, Übersetzung: A.C. Braun,
3) D.T. Suzuki, *Der Buddha der Liebe*, S.122, Herder Verlag, Freiburg, S. 122, Abdruck mit freundlicher Genehmigung der S. Fischer Verlage
4) David Carson & Nina Sammons, *2013 Orakel, Karten zum neuen Zeitalter*, 1. Auflage 2007, Originaltitel: *Oracle 2013*, Council Oak Books, LLC, 2006; Abdruck mit freundlicher Genehmigung des Verlags »Die Silberschnur«, weiterführende Informationen erhalten sie unter www.silberschnur.de
5) Théophile Gautier, *La Croix De Berny*, Mme. Emile De Girardin, Theophile Gautier - Jule Sandeau, Mery, Paris, Michel Levy Freres, Libraires Editeurs, 1865, p.29, s.a. http://tinyurl.com/33aons5 (Zitat wird vielerorts Albert Schweitzer zugeschrieben, Dank der Unterstützung durch die Mitglieder der Rabe-Liste, eine Auskunft- und Recherche-Einrichtung der Bibliotheken und hier insbesondere Dana Wipfler, Universitätsbibliothek Eichstätt-Ingolstadt und Klaus Otto Nagorsnik, Stadtbücherei Münster, konnte es auf Theophile Gautier zurückgeführt werden)
6) Georges Bernanos, *Die begnadete Angst*, übertragen von Eckart Peterich, Köln und Olten : Jakob Hegner 1953, 3. Bild, 1. Szene, S. 72 (Danke für die Unterstützung durch die Mitglieder der Rabe-Liste, s.o., und hier insbesondere S.L., und Herrn Klaus Otto Nagorsnik, Stadtbücherei Münster)
7) Konfuzius, www.konfuzius-weisheiten.de, 1.7.2010
8) Irene Dalichow, Krafttiere - Boten der Göttin, Mit Krafttieren zu Energie und Heilung, © 1999 Arkana Verlag, München, in der Verlagsgruppe Random House GmbH
9) Seine Heiligkeit der 14. Dalai Lama, Abdruck mit freundlicher Genehmigung - übermittelt durch den Secretary, Bureau of HH the Dalai Lama, April 2010
10) Omraam Mikhaël Aïvanhov, *Spiritual Alchemy*, Abdruck mit freundlicher Genehmigung des Prosveta Verlags, www.prosveta.de
11) Omraam Mikhaël Aïvanhov, *Gedanken für den Tag, Jahrgang 2008*, 6. Juli, Abdruck mit freundlicher Genehmigung des Prosveta Verlags, www.prosveta.de
12) Imkerspruch, gesehen am Bienenhaus der Imkerei Richard Neumeier, 82538 Geretsried-Gelting
13) Dr. Wolf-Dieter Storl, *Ich bin Teil des Waldes*, Abdruck mit freundlicher Genehmigung des Autors (www.storl.de) und des Franckh-Kosmos Verlags, Stuttgart, 2003
14) Kevin Kelly, www.kk.org, Original: *There is nothing to be found in a beehive that is not submerged in a bee. And yet you can search a bee forever with cyclotron and fluoroscope, and you will never find a hive*, Übersetzung: A. C. Braun

15) Simon Buxton, *Der Weg des Bienenschamanen, 2008,* Edition Spuren, Winterthur; Originalausgabe: *The Shamanic Way of the Bee*, Destiny Books, Inner Traditions International, LTD, Rochester, USA, 2004, Abdruck mit freundlicher Genehmigung von Simon Buxton und Edition Spuren, www.spuren.ch

16a) Omraam Mikhaël Aïvanhov, *Alchimistische Arbeit und Vollkommenheit*, S.125f, Abdruck mit freundlicher Genehmigung des Prosveta Verlags, www.prosveta.de

16b) Lehmann, J. (2000) *Die ursprüngliche rigvedische Somapflanze war weder grüne Pflanze noch Pilz: Gepreßt wurden Bienenwaben*. Sicht eines Entomologen. In: B. Forssmann und R. Plath (Hsg.) Indoarisch, Iranisch und Indogermanistik - Abeitstagung der indogermanischen Gesellschaft vom 2. bis 5. Oktober 1997 in Erlangen. Reichert Verlag Wiesbaden, S. 311

17) Federico Garcia Lorca, *Das Lied des Honigs* (Auszug), Quelle: www.bee-hexagon.net, dez. 2009, Original: El Canto de la Miel: La miel es la palabra de Cristo, el oro de retido de su amor. El más allá del, néctar,la momia de la luz del paraíso. (Auszug); Abdruck mit freundlicher Genehmigung der Federico García Lorca Stiftung

18) Koran, Sura an-Nahl (Biene), 16:07-69, mit freundlicher Unterstützung der islamischen Gemeinde Penzberg

19) Omraam Mikhaël Aïvanhov, Bd 1, *Das Geistige Erwachen*, Abdruck mit freundlicher Genehmigung des Prosveta Verlags

19a) Omraam Mikhaël Aïvanhov, *Die Atmung*, Abdruck mit freundlicher Genehmigung des Prosveta Verlags

20) Informationen zur Legende können über die Tourismusinformation Ossiach eingeholt werden, www.ossiach.com

21) Rainer Maria Rilke, Auszug aus: *Briefe aus Muzot*, Hrsg. Ruth Sieber-Rilke und Carl Sieber, Insel Verlag Leipzig 1936, S. 334 f.

22) Imkerspruch, *Biene-Mensch-Natur*, Ausgabe 2, 2001, Mellifera e.V., Imkerei Fischermühle, D-72348 Rosenfeld, www.mellifera.de

23) Dr. Wolf-Dieter Storl, *Pflanzendevas, Die geistig-seelischen Dimensionen der Pflanzen*, Abdruck mit freundlicher Genehmigung des Autors (www.storl.de) und des AT Verlag, Aarau Schweiz, 4. Auflage, 2007

24) Buddha, der Erleuchtete, aus: *Pfad der Natürlichen Wahrheit*, Dhammapada, in der Übersetzung von Hans Gruber, www.buddha-heute.de, dez. 2009

25) Albert Einstein, zugeschrieben, www.zitate-online.de, 9.12.2009

26) Hilde Domin, Im Regen geschrieben. Aus: dies., Gesammelte Gedichte. © S. Fischer GmbH, Frankfurt am Main 1987

27) Kurt Marti, www.zitate-online.de, 9.12.09, Original: *wo chiemte mer hi, wenn alii seite, wo chiemte mer hi, und niemer giengti, für einisch z'luege, wohi dass me chiem, we me gieng,* aus:»rosa laui«, Luchterhand 1967, Abdruck mit freundlicher Genehmigung von Kurt Marti

28) Josef Guggenmos, *Was denkt die Maus am Donnerstag?*, © Beltz & Gelberg Verlag in der Verlagsgruppe Beltz • Weinheim Basel

29) James Honeyborne, *Der Mönch und die Riesenhornisse*, BBC, Ausstrahlg. WDR 16.7.2007

30) Konfuzius (zugeschrieben), gesehen an einem Bienenstand bei der Ruine Waldau im Schwarzwald; Quelle: http://imkerei.mikley.de; es scheint, dass die Inschrift aus den Händen eines 'kreativen Imkers' stammt, denn es gibt ein sehr ähnliches Sprichwort aus China: Wer einen Tag lang glücklich sein will, der betrinke sich. Wer einen Monat lang glücklich sein will, der schlachte ein Schwein und esse es auf. Wer ein Jahr glücklich sein will, der heirate. Wer ein Leben lang glücklich sein will, der werde Gärtner.

31) Victor Hugo, *Das Jahr 1793*, Dritter Teil, Drittes Buch, Kapitel III, S. 277, Gustav Kiepenheuer Verlag Leipzig und Weimar, 1. Auflage, 1989

32) Johann Wolfgang von Goethe, *Epirrhema*, http://gedichte.xbib.de, 9.12.2009

33) Johann Christian Friedrich Hölderlin, Auszug aus: *Hyperion,* Band I, 1. Buch, Hölderlin, Sämtliche Werke. Stuttgarter Ausgabe [StA], hrsg. von Friedrich Beißner, Adolf Beck und Ute Oelmann, 8 in 15 Bdn., Stuttgart 1943-1985, S. 37 f., mit Dank an die Hölderlin-Gesellschaft für die freundliche Unterstützung

34) Leo N. Tolstoi, *Tagebücher* (1890), Quelle: de.wikiquote.org, 9.12.2009

35) Johann Wolfgang von Goethe, *Faust*, Erster Teil, Hamburger Lesehefte Verlag, Heft 29, 2009, S.15+23

36) Manfred Kyber, aus: Anton Brieger, *In zwölfter Stunde,* Manfred Kyber, Seher und Dichter', Seite 275, Pforzheim, Rudolf Fischer Verlag, 1973,

37) indianische Weisheit der Hopi, Volk des Friedens; gefunden: www.gedichte-garten.de, 9.12.2009

38) Kurt Tucholsky, aus dem Text *Gebrauchsanweisung,* der am 10. Oktober 1930 unter dem Pseudonym Peter Panter in der 'Vossischen Zeitung' veröffentlicht wurde; vollständiger Text unter: www.textlog.de/tucholsky-anweisung.html; Dank auch der Kurt Tucholsky Gesellschaft e.V., www.tucholsky-gesellschaft.de

39) Rudolf Steiner, Die Welt der Bienen, Herausgegeben und kommentiert von Martin Dettli, Rudolf Steiner Verlag, 2. Auflage 2014

40) Baltasar Gracián y Morales, Baltasar Gracian, Handorakel und Kunst der Weltklugheit, KrönersTaschenausgabe,Band 8, S. 23, 13. Aufl. 1992, Alfred Kröner Verlag, Stuttgart, Abdruck mit freundlicher Genehmigung des Verlages

41) Seneca, Epistulae morales ad Lucilium, Libri XI-XIII, Briefe an Lucilius über Ethik, 11.-13. Buch, ep.84.3, S. 4, Philipp Reclam, Stuttgart, 1996

41a) Omraam Mikhaël Aïvanhov, *Weihnachten und Ostern in der Einweihungslehre*, 4. Aufl. Abdruck mit freundlicher Genehmigung des Prosveta Verlags, www.prosveta.de

41b) Omraam Mikhaël Aïvanhov, *Die geometrischen Figuren*
Abdruck mit freundlicher Genehmigung des Prosveta Verlags, www.prosveta.de

42) Offenbarung von Maria an Brigitta von Schweden, *Biene, Mensch, Natur*, Nr.7, Zeitung von Mellifera e.V., D-72348 Rosenfeld, s.a *Leben und Offenbarungen der heiligen Brigitta*, 6. Buch, Kap. XII; http://www.geistiges-licht.de/Texte/Birgitta_von_Schweden/buch6/b6_kap12.htm, 10.4.2010

42b) Omraam Mikhaël Aïvanhov, *Yoga der Ernährung, S. 119*, 7. Aufl.
Abdruck mit freundlicher Genehmigung des Prosveta Verlags, www.prosveta.de

43) Khalil Gibran, Sämtliche Werke, Hrsg. von Ursula und S. Yussuf © Patmos Verlag der Schwabenverlag AG, Ostfildern 2003, www.verlagsgruppe-patmos.de

44) Phil Bosmans, "Es waren einmal zwei Bienen", aus: Ders., Worte zum Menschsein, © Verlag Herder GmbH, Freiburg i.Br., 2007, S. 127
45) www.bluehende-landschaft.de/nbl/nbl.situation/index.html, vom 9.12.2009
46) www.bienen-gentechnik.de/gen/gen.bestaeuber/index.html, vom 3.12.2009
47) Weisheit der Cree-Indianer, http://de.wikiquote.org , nov. 2009, von einem weissen Drehbuchautor - den Indianern in den Mund gelegt! , Quelle: Martin Seiwert - Die Mitte von Nirgendwo
48) Dalai Lama, www.daserste.de/beckmann/sendung_dyn~uid,m0vm2qugf2pnwyndbw34yqvd~cm.asp, vom 20.6.2005
49) Marcus Aurelius Antonius, aus: *Aufzeichnungen über mich selbst*, nach Marc Aurel, *Wege zu sich selbst*, gr./dt., Artemis und Winkler, 1998, VI, 54
50) William Shakespeare, Hamlet, Hamburger Lesehefte Verlag, 2008, 3. Akt, 1. Auftritt
51) Barbara Marciniak, Die Plejadischen Schlüssel, Schirner Taschenbuchverlag
52) aus Indien, an einem Bienenhaus in Südtirol, www.museo-plattner.it
53) Witold Ehrler, *Homöopathische Postille*, Dezember 2002, *14 Reisen zum Wesen der Arznei*
54) *Botschaft und Zukunft der Biene*, Ein Tagungsbericht zur internationalen Tagung vom 11/12. Oktober 2003, Dornbirn, Herausgeber: Bodensee/Akademie
55) *Varroa - Eine Milbe zieht ihre Kreise*, Dr. Roland Günther, C-4, Homöopathie-Forum, Oberwesel, April, 2004
56) Omraam Mikhaël Aïvanhov, *Wie Gedanken sich in der Materie verwirklichen*, Abdruck mit freundlicher Genehmigung des Prosveta Verlags, S. 17, www.prosveta.de
57) Paulo Coehlho, Handbuch des Krieger des Lichts, aus dem Brasilianischen von Maralde Meyer-Minnemann, Copyright der deutschsprachigen Ausgabe © 2001, 2006 Diogenes Verlag, AG Zürich
58) Jamie Sams/David Carson *Karten der Kraft, Ein schamanisches Einweihungs-Spiel in den 'Pfad der Tiere'*, S.12, 15. Auflage 2007, Abdruck mit freundlicher Genehmigung der Windpferd Verlagsgesellschaft, Aitrang; Originaltitel: *Medicine Cards, The Discovery of Power Through the Ways of Animals*, Bear & Company, Santa Fe, New Mexico 1988,
59) Weisheit aus China, www.aphorismen.de
60) Antonio Machado, Soledades – Einsamkeiten, Copyright für die deutsche Übersetzung von Vogelsang, Fritz, © 1996 Amman Verlag, Zürich, Alle Rechte vorbehalten S. Fischer Verlag GmbH, Frankfurt am Main 2016

Wir haben uns bemüht, alle Rechteinhaber an den ZItaten ausfindig zu machen, was uns jedoch nicht immer gelungen ist. Sollten wir ein Zitat verwendet haben, an dem Sie die Rechte haben, so setzen Sie sich bitte mit uns in Verbindung, damit wir dies nachträglich regeln können.

»Die Erde und ihre Geheimnisse zu verstehen bringt mit sich, da[ß]
ihr die Rätsel in euch selbst versteht, besonders die Teile, die in d[en]
Wurzeln eures unbewußten Selbst verborgen liegen.«

Barbara Marciniak
Medium plejadischer Botschaften
Quelle 52

Etwas Priesterliches

Wenn er mit den Bienenstöcken arbeitete, lag etwas Priesterliches in seinem Verhalten, als würde er ein Ritual vollziehen, das zur Verbindung mit dem Transzendenten führte. Dieses Ritual entstammte weder dem Fantastischen noch dem Fanatischen, eher wurzelte es in einem einfachen, von Gnade erfüllten Einssein mit der Natur. (s.u., S.28)

Ich begann zu erkennen, dass »BienenZüchter« tatsächlich eine ziemlich unzutreffende Bezeichnung für diesen Mann war. Er tat wesentlich mehr, als einfach nur Bienen zu halten, irgendwie hatte ich das Gefühl, er sei eine von ihnen. Sicher kannten und respektierten ihn die Bienen. Er war, das sollte ich noch lernen, ein Meister der Bienen, ein Bienenmeister – ein Künstler, der mit der lebendigen Form arbeitet.

Aber die Bezeichnung Bienenmeister lässt sich leicht missverstehen, denn er war nicht etwa Meister der Bienen in dem Sinne, dass er die Tiere irgendwie benutzt hätte. Eher pflegte er zu sagen, dass er ihr Diener sei, oder vielleicht ihr Kollege. Er war ein Meister in der Kunst der Bienenhaltung und besaß ein ganz außergewöhnliches Verständnis für das Verhalten der Bienen. Er vermochte mit ihnen zu reden und war auf eine Weise mit dem Bienenstock verbunden, die es ihm erlaubte, einzuschätzen, welche einzigartigen Fähigkeiten die Bienen haben, und entsprechend behandelte er sie. Sie reagierten auf ihn in einer Weise, wie ich es nie zuvor und seitdem nie wieder gesehen habe. Oft saßen sie wie ein kleiner Ball auf seiner linken Schulter, während Bridge mit ihnen flüsterte und ihnen die ganze Zeit etwas vorsang. Sie antworteten mit einer süßen Bienenweise, sangen ihm als Gegengabe ein Wiegenlied. Einmal landete ein Schwarm auf seinem Kopf. Es müssen ungefähr 10.000 Bienen gewesen sein. Sehr langsam ging er zum Eingang eines leeren Bienenstocks und legte sich davor hin, seinen Kopf tief unten haltend. Die Bienen marschierten dann in den Stock hinein. Ein anderes Mal stießen wir in einem nahegelegenen Waldgebiet auf einen Bienenschwarm, hatten aber nichts dabei, um ihn zum Haus zu tragen. Er stand direkt neben dem Schwarm und wies mich an, energisch den Ast zu schütteln, auf dem der Schwarm gelandet war, so dass die Bienen auf ihn herabfielen, wonach wir nach Hause gingen und den Schwarm in einen leeren Stock absetzten. Er war sozusagen ein Chamäleon für Bienen, wechselte ständig und ohne jede Anstrengung seine Farbe, um zu dem Bienenstock zu werden, den es gerade brauchte.

(Simon Buxton, *Der Weg des Bienenschamanen*, S. 34f, Quelle 15)

ls ich schlief die letzte Nacht
da träumte ich – gesegnetes Trugbild
hier in meinem Herzen
sei ein Bienenstock
und die goldenen Bienen
verwandelten insgeheim
meine alten Fehlschläge
in weißes Wachs und in süßen Honig.

Antonio Machado † 1939, Südfrankreich
spanischer Lyriker
aus: Soledades – Einsamkeiten
Quelle 60

Angelika C. Braun

... nimmt das Leben vielsichtig und feinsinnig wahr und folgt dem Weg der steten Ent-wicklung.
Als Dipl. Kommunikationswirtin von der Hochschule für Künste in Berlin arbeitete sie als PR- und Regieassistentin, entwickelte Fernsehprogramme, schrieb und produzierte als Ko-Autorin ein Fernsehspiel und ist seit 2003 als Freiberuflerin im Bereich Fotografie, Design und Text tätig. Sie bietet an, Lebensgeschichten, Portraits und Erinnerungen in Wort und Bild lebendig zu halten. Schönheit, Klarheit und Wandel sind ihre Begleiter.
Angelika C. Braun bildet sich vielseitig und fortdauernd weiter, übt sich langjährig in der Achtsamkeits- und Meditationspraxis und in wertschätzender Kommunikation und unterstützt Resilienz im alltäglichen Leben. Sie leitet Zen- und christliche Meditationen an. Die ehrenamtliche Sterbebegleitung (Hospiz) ist ein Geschenk für sie.

www.acbraun.com
www.biografie-werk.de

Neue Erde

… versteht sich als Verlag für die Herausgabe anspruchsvoller Sachbücher und Ratgeber, die durch eine ganzheitliche Betrachtungsweise der Bereiche Natur, Gesundheit und Spiritualität eine erdverbundene und lebensbejahende Lebensweise ausdrücken und fördern sollen. Wir schauen auf eine 30-jährige Verlagsgeschichte. Wir wünschen uns, Ihnen auch in Zukunft Titel zu bieten, die zu Ihrer persönlichen Entwicklung beitragen mögen, denn schließlich kommen von uns »Bücher für Menschen, die auf dem Weg sind«.
Neue Erde ist ein kleiner unabhängiger Verlag, und der unabhängige Buchhandel ist unser natürlicher Partner. Wir unterstützen die Initiative »buy local«.
Alle lieferbaren Titel des Verlags sind für den Buchhandel verfügbar.

www.neue-erde.de
NEUE ERDE GmbH, Cecilienstr. 29, 66111 Saarbrücken
info@neue-erde.de

wir danken
für die Aufnahme ins Sortiment

MANUFACTUM.

Mit dem Verkauf des vorliegenden Bandes unterstützt Manufactum das Anliegen der Autorin Angelika C. Braun, sich für den Schutz der Bienen und den Erhalt ihrer Lebensräume zu engagieren. Der Versandhändler setzt sich seit 1987 mit seinem Sortiment für einen nachhaltigen Umgang mit unseren Ressourcen ein.